2014年度
核与辐射安全网络舆情汇编

THE 2014 INTERNET PUBLIC OPINION
COMPILATION OF NUCLEAR AND RADIATION SAFETY

环境保护部核与辐射安全中心 编

人民交通出版社股份有限公司
China Communications Press Co.,Ltd.

内 容 提 要

本书重点介绍了2014年我国核与辐射安全网络舆情态势，并对部分重要舆情信息进行了收集、整理和分析，本书使用的素材和案例均来自环境保护部核与辐射研究中心信息研究所的日常研究工作，内容客观真实，对涉核舆情的处理和应对工作具有较强的参考意义。

本书可为核与辐射安全相关工作者及网络舆情研究人员提供有益借鉴。

图书在版编目（CIP）数据

2014年度核与辐射安全网络舆情汇编 / 环境保护部核与辐射安全中心主编 . — 北京 : 人民交通出版社股份有限公司，2015.12

ISBN 978-7-114-12700-7

Ⅰ. ① 2… Ⅱ. ①环… Ⅲ. ①核防护－互联网络－舆论－汇编－中国－2014 ②辐射防护－互联网络－舆论－汇编－中国－2014 Ⅳ. ① TL7

中国版本图书馆CIP数据核字（2015）第298012号

书　　名：2014年度核与辐射安全网络舆情汇编
著 作 者：环境保护部核与辐射安全中心
责任编辑：陈力维
出版发行：人民交通出版社股份有限公司
地　　址：（100011）北京市朝阳区安定门外外馆斜街3号
网　　址：http://www.ccpress.com.cn
销售电话：（010）59757973
总 经 销：人民交通出版社股份有限公司发行部
经　　销：各地新华书店
印　　刷：北京盛通印刷股份有限公司
开　　本：720×960　1/16
印　　张：11.5
字　　数：186千
版　　次：2015年12月　第1版
印　　次：2015年12月　第1次印刷
书　　号：ISBN 978-7-114-12700-7
定　　价：68.00元

编 委 会

前言

近年来，随着互联网和自媒体的快速发展，社会进入“人人都有麦克风”、“人人都有引爆器”的自媒体传播时代，各种社会化媒体通过“网络人际传播”快速传播各种消息，严重削弱了传统媒体的传播效果。同时，核与辐射安全信息本身就具有高度的社会敏感性，因此核与辐射安全信息的传播面临着新的挑战。比如，发生在2009年的河南杞县卡源事件所导致的当地居民群体性逃离事件；2010年大亚湾核电厂2号机组反应堆中的一根燃料棒包壳出现微小裂纹，被部分媒体放大为“核事故”，误导公众，产生了不小的社会影响；2011年福岛核事故发生后，公众听信谣言发生了抢盐风波；2013年广东江门核燃料项目在“社会稳定风险评估”公示阶段引发反核活动，最终导致该项目下马。这些事件表明，及时、有效的网络舆情应对及公众沟通非常重要。

习近平总书记在2013年8月全国宣传思想工作会议上指出，意识形态工作关系党的前途命运和国家长治久安，关系民族凝聚力和向心力，是党的一项极端重要的工作。宣传思想工作只有胸怀大局、把握大势、着眼大事，找准工作切入点和着力点，做到因势而谋、应势而动、顺势而为，才能有效履行围绕中心、服务大局基本职责。2013年11月在中国共产党第十八届中央委员会第三次全体会议期间，习近平总书记就《中共中央关于全面深化改革若干重大问题的决定（讨论稿）》向全会作说明时指出，网络和信息安全牵涉国家安全和社会稳定，是我们面临的新的综合性挑战。从实践看，面对互联网技术和应用飞速发展，现行管理体制存在明显弊端。同时，随着互联网媒体属性越来越强，网上媒体管理和产业管理远远跟不上形势发展变化。特别是面对传播快、影响大、覆盖广、社会动员能力强的微客、微信等社交网络和即时通信工具用户的快速增长，如何加强网络法制建设和舆论引导，确保网络信息传播秩序和国家安全、社会稳定，已经成为摆在我们面前的现实突出问题。2014年2月在中央网络安全和信息化领导小组第一次会议上，习近平同志作为领导小组组长发表重要讲话时又强调，网络安全和信息化是事关国家安全和国家发展、事关广大人民群众工作生活的重大战略问题，要从国际国内大势出发，总体布局，统筹各方，创新发展，努力把我国建设成为网络强国。做好网上舆论工作是一项长期任务，要创新改进网上宣传，运用网络传播规律，弘扬主旋律，激发正能量，大力培育和践行社会主义核心价值观，把握好网上舆论引导的时、度、效，使网络空间清朗起来。

国家核安全局长期以来对舆情工作十分重视。1986年大亚湾核电站建设初期遇到香港部分公众反对，一时掀起不小的风波，在中央政府的主导下，国家核安全局配合开展了科普宣传和公众解释工作，并建立了奥港信息沟通机制，使反核活动很快平息下来。在近些年信息化飞速发展的情况下，环境保护部核与辐射安全中心于2001年成立了信息研究所，开展网络舆情相关研究工作，经过几年的积累，形成了一定的能力。现将《2014年度核与辐射安全网络舆情汇编》编辑出版，一是将一年来的核与辐射安全相对重要的网络舆情资料进行收集整理，并对一些重要舆情事件进行初步分析，便于总结经验，启迪后事；二是作为知识管理的一种模式，方便业内人士或感兴趣的读者查阅。

“明者因时而变，知者随事而制”，该书的出版对于推动核安全文化建设，促进核与辐射安全事业的健康发展有一定的借鉴意义。

编　者

2015年9月

目　录

第四章　2014年度涉核新闻汇编

第一章 2014年度我国网络舆情概况[1]

2014年中国互联网舆情，是在中国共产党和中国政府严厉反腐、深化改革的鼓点正酣中展开的。在这种“高压态势”下，互联网舆论场在继续扩张的同时，出现了从严管理的新局面。一方面，微信取代微博，成为当下经济发达地区民众的首要信息渠道和社交平台，新闻客户端也开始影响一部分人群的信息获取；另一方面，随着互联网相关法律法规逐步完备，网站平台管理加强，网民自律及社会公序良俗约束的加强，网络舆论的总体压力有所减轻，但社会转型期各种利益诉求并未消减，在某些突发事件和热点议题中甚至还呈现爆发态势。

1 节选自人民网。

第一节 2014年度我国舆情特点

2014年网络舆情总体热度下降。例如位居全年热点舆情榜首的马航MH370航班失联事件，微博帖文约2 500万条；而2011年“7·23甬温线动车事故”发生后的几天内，竟然涌出微博帖文约5亿条。此外，政府的舆论引导工作，向专业化和智能化方向提升。在反暴恐、“微信十条”出台、香港“占领中环”事件、乌克兰危机等热点事件中，理性的声音占了上风，正能量的传播成为网上舆情的“新常态”。2014年度我国网络舆情主要以下特点。

第一，本届中央政府改革力度大，反腐鼓声响，网民对体制的向心力有显著提升。中共中央以“踏石留印，抓铁有痕”的魄力，以“周一打苍蝇，周五打老虎”的节奏，从严治党，但入选本年度20件事的贪腐舆情只有周永康案，参见表1。

2014年20件热点舆情事件　　表1

序号	事件/话题	时间	新闻量	微博量	热度
1	马航航班失联	2014/3/8	1 200 000	24 900 180	31.03
2	香港“占领中环”事件	2014/6/20	21 600 000	1 168 686	30.86
3	云南鲁甸6.5级地震	2014/8/4	903 000	3 647 466	28.82
4	阿里赴美上市	2014/9/19	1 900 000	1 623 657	28.76
5	台学生占领“立法院”事件	2014/3/18	6 660 000	309 153	28.35
6	中央对周永康立案审查	2014/7/30	1 130 000	1 330 597	28.04
7	昆明火车站暴恐案	2014/3/1	1 200 000	1 214 216	28.01
8	昆山爆炸事故	2014/8/2	515 000	820 828	26.77
9	麦当劳肯德基供应商黑幕曝光	2014/7/20	369 000	956 117	26.59
10	演员柯震东房祖名在京吸毒被抓	2014/8/18	445 000	559 740	26.24
11	兰州自来水苯含量超标事件	2014/4/11	569 000	387 042	26.12
12	山东招远血案	2014/5/28	135 000	884 869	25.51
13	广西玉林狗肉节事件	2014/6/21	49 000	1 777 017	25.19

续上表

序号	事 件 / 话 题	时间	新闻量	微博量	热度
14	郭美美赌球被拘	2014/7/30	228 000	57 616	23.30
15	东莞扫黄事件	2014/2/9	232 000	54 016	23.25
16	湖南产妇因羊水栓塞死亡	2014/8/13	23 700	183 987	22.20
17	乌克兰政局剧变	2014/2/22	70 400	38 171	21.71
18	黑龙江三名嫌犯杀人越狱	2014/9/3	54 100	46 964	21.66
19	广东茂名 PX 项目群体事件	2014/3/30	2 140	170 286	19.71
20	21 世纪报系涉新闻敲诈被调查	2014/9/3	3 150	76 004	19.29

注：该数据来自人民网舆情监测室对 2013 年 11 月 1 日至 2014 年 10 月 31 日的 2000 多件舆情热点事件的分析，热点事件的热度由其新闻检索量和微博（包括新浪和腾讯微博）检索量综合确定，二者的权重各占 50%。

第二，经济发展过程中的环境保护和居民健康，受到全社会持续关注。2014 年的 20 件事中有兰州自来水苯污染事件和广东茂名 PX 群体性事件。

第三，司法舆情在 2014 年度未能进入 20 件热点舆情。这与近一年司法改革的力度加大有关，最高人民法院力推司法公开，重审疑案和平反错案，民众的关切得以释放。

第四，暴力恐怖事件和恶性犯罪引发社会不安，受到官民一致的严正谴责。2014 年 3 月 1 日夜晚昆明火车站的暴恐事件，是几十年来第一次在内地非民族地区公众场所针对平民百姓的较大规模恐怖袭击。虽然此后乌鲁木齐早市恐怖袭击的死亡人数更多，但还是美丽春城的这个恐怖之夜在网上引起了更大的心理震撼。以此为拐点，政府反恐举措凝聚了全社会的高度认同和拥护。

第五，公众人物的失德事件近年来持续发酵，转型期社会的道德伦理引发社会反思。2014 年有柯震东、房祖名在京吸毒事件，还有其他文艺界名人吸毒嫖娼案，以及曾经困扰了红十字会 3 年的郭美美参与性交易和网络赌球被刑拘。这些公众人物伦理操守的缺失，对年轻网民来说是人生观、价值观的警醒样本。

第六，中国大陆以外地区舆情越来越多地受到中国内地网民的关注。2014 年有台湾学生占领“立法会”事件，香港“占领中环”事件。相关的舆论引导工作做得比较成功，均未对内地局势产生连锁反应。乌克兰事件被主流舆论解读为倒向西方可能给国家带来分裂的痛苦。境外舆情风云变幻，在中国内地的网络舆论场上水波不兴，这是内地政局稳定的表现。

第二节 2014年：微传播时代的来临

2014 年给中国网民的真切印象，是微传播时代的来临。

一、新老网络舆论载体的消长

据来自政府网络管理部门 2014 年的数据，在各种网络舆论载体中，微博客账号 12 亿，新浪微博、腾讯微博日均发帖 2.3 亿条；微信日均发送 160 亿条；QQ 日均发送 60 亿条；手机客户端日均启动 20 亿次。

微博的用户流失，热度下降。原因之一是微信分流了微博的人群；其次是政府加大了微博整治力度，一些“大 V”触犯法律被处置，其警示作用使网民微博言论趋于谨慎克制。但在马航失联、东莞扫黄、山东招远血案等突发事件和热门议题中，微博在信息传播、意见表达上仍然展现出微信无法比拟的强大功能。微博可原生态地展示社会舆论，不同社会群体的各种利益诉求需要表达，保留微博这个公开的意见平台，而不是让各种意见下沉到私密的微信，有利于政府掌握社情民意的脉搏，及时发现基层治理中存在的问题和矛盾，释放社会压力，并澄清其中的谣言，对负面声音进行引导。

微信展示了用户强社会关系和社交媒体话题多元化的魅力，在亲友、同学、同事和同好者之间迅速流行。微信传播的内容，有很多属心灵鸡汤、养生秘方、晒孩子照片、秀个人生活，但涉及敏感议题、政治类不实传言和偏激议论的数量，不比前些年的微博少。所以微信舆论场，特别是微信公众账号和跨微信群的传播，成为互联网治理的新目标。

二、“自媒体”舆论需要专业媒体“对冲”

美国有一种说法，每个网友都是“公民报道者”、“公民评论员”。但网友只是新闻报道和“围观”式评论的业余队，而专业媒体（包括新闻门户网站）才是专业队。互联网“自媒体”在网络舆论方面的作用不宜高估。以专业媒体的技能和经验还原事实真相，均衡反映各利益相关方的声音，有利于对冲“自媒体”越来越大的舆论压力，引导公众客观理性地看待转型期的复杂社会问题。

三、媒体融合旨在扩大舆论引导力

政府正在推动传统媒体与新媒体的融合。近年来以人民日报、央视新闻、新华社发布、澎湃新闻等为代表，央媒和上海报业集团大举进军新媒体，打通体制内外“两个舆论场”，开始影响网络舆论场的议程设置。人民日报的法人微博在人民网、新浪、腾讯三大平台上的粉丝总数突破 6 000 万，而纸媒订户仅 310 万。央视新闻的微信有 210 万的关注者。

第三节 风险管理新导向

从 1994 年 4 月中国全功能接入国际互联网至今，20 年来互联网有力地保障了人民群众的四权（知情权、参与权、表达权、监督权），也产生了诸多新的社会问题，形成了新型的社会管理风险。

一、从“网络问政”到互联网“最大变数”

本届中央政府力推改革。习近平总书记指出，中国改革经过 30 多年，容易的、皆大欢喜的改革已经完成了，好吃的肉都吃掉了，剩下的都是难啃的硬骨头[1]。这就要求我们胆子要大、步子要稳，尤其是不能犯颠覆性错误。为给全面深化改革缔造一个稳定的舆论环境，政府更多地看重互联网对政府管控社会的“最大变数”，避免网络偏激舆论裹挟民意误导决策，并积极“亮剑”打击借助互联网造势的“寻衅滋事”。如果听任偏激舆论扰乱社会心理，将极大地增加社会治理成本，甚至导致执政危机。

1　摘自 2014 年《习近平总书记系列重要讲话读本》。

二、强势机构组建，理顺管理体制

由于历史的原因，中国的互联网管理体制一直比较混杂，出现过“九龙治水”的局面。2014 年 2 月，由习近平总书记亲自担任组长，李克强、刘云山担任副组长的中央网络安全和信息化领导小组正式宣告成立，担负起了制定实施国家网络安全和信息化发展战略、宏观规划和重大政策的职能。领导小组单独设置正部级的办公室（简称中央网信办，同时继续保留国家互联网信息办公室牌子），作为日常工作机构。国务院已于 8 月授权国家互联网信息办公室，负责全国互联网信息内容管理工作。这标志着中国互联网管理体制顶层设计的搭建完成，体现了高层保障网络安全、推动信息化发展的决心。

三、依法管网，依法办网，依法上网

党的十八届四中全会审议通过了“全面推进依法治国”的纲领性文件。依法治网是依法治国的薄弱环节和工作重点之一。需要把管理者依法管网、从业者依法办网和全体网民依法上网结合起来。

最高人民法院 2014 年 10 月发布《关于审理利用信息网络侵害人身权益民事纠纷案件适用法律若干问题的规定》，在明确约束“人肉搜索”曝光个人隐私的行为之外，也提出为了公共利益且在必要范围内可免于担责。这次发布的司法解释，与已经实施的最高法院《关于审理侵害信息网络传播权民事纠纷案件适用法律若干问题的规定》，最高法院、最高检察院《关于办理利用信息网络实施诽谤等刑事案件适用法律若干问题的解释》，标志着对涉及互联网的刑事和民事案件的处置都有了比较明确的执法依据。网络安全法、电子商务法、个人信息保护法、未成年人网络保护条例等互联网立法，也在研究酝酿中。

四、做大做强主流舆论，提升网络话语权

互联网能否趋利避害，核心问题在于网络话语权的归属。互联网难以形成像物理空间那样严格的国界，全球舆论的交融空前方便，海外舆论也早已渗透到了中国的微博和微信等平台。6 亿微信账户中，有 1 亿来自海外。基于此，做大做强主流舆论，打造一支反应迅速、机制灵活又有较高公信力和影响力的网络“国家队”，

对有效地扩大网络话语权、对冲外部杂音的干扰，就显得格外重要。

从中央部委到地方政府，推行微博、微信、微视“三微”战略，进一步兑现政务公开，改变了前几年政府工作在互联网上被“吐槽”和批评的被动局面。

五、做好网上“意见领袖”工作，发展“网上统一战线”

影响和团结网络名人，引导其客观、理性地发言，也有助于网络主流话语权的建设。2014 年，中央和地方政府先后组织了“网络名人故宫行”、“丝绸之路万里行”、“粤来粤好——2014 网络名人看广东”等活动，起到了密切关系、消弭分歧、共同传播正能量的作用。一些民间“大 V”下基层、接地气，有利于他们客观地把握国情和主流民意，理解政府公共治理的复杂性。“大 V”们平时相对超然的地位，较少的预设立场，对公众的说服力更大，属于一种有待开发的新媒体资源。

六、探索政府舆情工作的机制和方法，培养专业人才

大数据时代，网络海量的舆情信息描绘出了一幅当代中国社会的全息图，对网络舆情信息的精准把握和科学利用，已经是摆在各级党政机关面前不可回避的课题。近几年，各级政府的网络舆情监测和应对能力一直在稳步提升，2014 年又突出表现在从主要注重危机爆发后的应急管理，向加强常态的智能化舆情工作机制建设转变，从生硬的灌输式宣传，向以理服人的智能化引导过渡，并且开始重视舆情工作专业人才的培养。

需要进一步思考和探索的问题[1]

近年来，中国在重大的自然灾害、公共卫生事件、社会安全事件上，都已经有了

1　节选自人民网《2014 年中国互联网舆情分析报告》。

比较系统和科学的工作机制。而网络虚拟社会管理无法完全照搬这些机制，需要在长期的处置实践中对经验教训加以总结，提炼出适合自身特点的工作机制和方法技巧，走向专业化、精细化和系统化的运作。舆情监测机构可望向新型智库方向发展，舆情应对、舆论引导，已成为国家治理能力创新不可或缺的重要一环。自政府施重手打击网络谣言和造谣传谣的"大 V"以来，网络舆情管理在组织机构、法制建设、管理策略上都有了明显的推进，网上偏激、极端声音仍有存在，但响应者较先前大为减少。网络环境形成初步清朗的良好局面，但仍有很多需要进一步思考和探索的问题。

一是"两微一端"（微博、微信、客户端）舆论生态进一步净化。2015 年微传播可望继续扩张，微信影响力将继续增强，但微信公众账号管理纳入中央网信办"微信十条"管理框架下，腾讯微信站方则在积极落实处理违规账号。微信联合人民网、果壳网等，设立辟谣公众号"谣言过滤器"。

二是其他网络"自媒体"舆论将进一步规范。路透社已宣布关闭网站新闻评论功能，以"使那些滥用批评权的网民处于边缘位置"，读者可以转到社交媒体或在线论坛评论其新闻报道。人民网、新华网以及新浪网、搜狐网、今日头条等 29 家各类网站 2014 年 11 月签署了《跟帖评论自律管理承诺书》，承诺致力于使跟帖评论成为文明、理性、友善、高质量的意见交流，在网站新闻和"自媒体"舆论之间形成某种防火墙。

三是网络新媒体和传统媒体的管理标准需打通。目前，媒体微博、媒体微信、媒体手机客户端与其所依附的传统媒介形式（如报纸、电视）管理标准不一，一定程度上存在新闻价值观的偏差。

四是新闻网站和媒体微博、媒体微信的专业性有较大提升。国家互联网信息办公室宣布，全国新闻网站将实行记者证制度（不含新浪、腾讯等商业门户网站），把过去无证上岗的网站采编人员纳入规范的资质管理范围，并将组织专业培训。现阶段网络新媒体的从业门槛较低，很多人缺少采写编评经验特别是体制内媒体的把关经验和把关意识，而过度追求眼球效应等不良风气较为严重，如"标题党"。在医疗、环保、司法等专业领域进行报道和评论，专业素养亟待提高，避免出现有违基本常识或带有明显情绪化、误导性的报道。

五是互联网立法、执法力度将更大。全国人大网站公布了《中华人民共和国刑法修正案（九）（草案）》，针对网络违法犯罪行为的新情况，拟进一步完善刑法有关网络犯罪的规定，对虚假信息传播者、网络服务提供者等导致违法信息大量传播并造成严重后果的，将追究刑事责任。在依法治理互联网乱象和保障网民依法表达、依法监督之间需要找到平衡点。互联网治理不应成为打压舆论监督的借口。

第二章 2014年度核与辐射安全舆情

2014年中国互联网舆论场持续扩张，微信取代微博客成为当下首要信息渠道和社交平台；同时，某些突发事件和热点议题在网络舆论管理渐趋规范中仍呈现爆发态势。一直以来，核与辐射安全问题都是一个极度重要、极度敏感、老百姓极其关心的社会问题，尤其是2011年日本福岛核事故后，更是如此。其实，国际国内发生的很多辐射（核安全）事件、辐射（核安全）事故，如果仅从纯技术角度进行处理，往往不是很困难。但是，一经媒体炒作就会引起轩然大波，一经谣言传播就会产生社会恐慌，最终会造成比较严重的社会影响。另一方面，现在的社会形势、社会背景相比十年甚至五年前发生了很大变化，过去老百姓更多是关心经济发展的问题，现在则是更多地关注环保和自身权益的问题，如果不引起重视的话，没问题会弄成有问题、小问题会搞成大问题。

第一节 核与辐射安全舆情重要性

社会发展到今天，政府不可能再像过去一样，不征求公众的意见就做出重大决策。这也是推进民主政治建设，确保公众的知情权、参与权和监督权的必然要求。当前，包括中国在内，全球广大公众对核安全的信心、对核电发展的可接受性已经成为影响核事业发展的严重问题和最大制约因素，后续核电能不能发展、怎样发展，关键在于能不能处理好这个问题。尽管这项工作不直接产生新的生产力，但它是生产力的重要保证。如果这个问题解决不了，再美好的愿望，再宏伟的规划，都有可能就是一句空话。尤其在信息化、网络化、自媒体迅猛发展的今天，我们更加需要关注核与辐射安全相关事件的舆情工作。

实际上，不仅仅是核电行业、核工业领域如此，整个工业领域也是如此。最典型的例子就是PX项目，PX项目是一项低毒、常规的化工项目，但是今天已经被妖魔化，在很多地方受到抵制，导致相关产业都受到极大影响，无法开展。核电也面临着同样的威胁，福岛核事故后这一问题更为突出。江门事件就是个突出的例子，一个核燃料生产基地的项目，在整个核燃料循环中，它的放射性潜在风险与核电厂和后处理厂相比更小，但恰恰是这个风险相对最小的环节出现了颠覆性问题。如果不引起高度重视，将来这个问题就会再次出现，整个核领域就可能成为第二个PX。我们一定要意识到这种局面发生的严重后果，不能等闲视之、不闻不问，不闻不问就是不负责任。

当今社会是思想和利益诉求日益多元化的时代，任何事情都会不可避免地面临反对声音。为应对这一情况，一定要加强舆情引导，重视舆论阵地。比如一个核电项目，公共宣传、信息公开、公众参与等工作都做到位了，公众绝大多数都是满意的、赞同的，但仍然还会有人反对。而这个时候就不能有任何含糊，必须开展斗争，否则中国的核电和核技术利用事业就无法健康发展。当然，对此必须讲究应对策略，需要有一整套应对措施来引导社会舆论、做好舆论斗争。在当下的中国，破解了这个难题，不仅对核电后续的发展极为有意义，对我们其他的一些重大项目建设也非常有益，甚至对经济发展都有重要意义。

2014 年涉核舆情概况

2014 年涉及核与辐射安全舆情总体而言比较平稳，每天的新闻反核舆情很少超过 100 条。2014 年 4 月台湾发生“4·27 台湾万人游行反核事件”，导致舆论爆发，最终将反核舆情推向了顶峰。据不完全统计，2014 年 20% 以上的涉核新闻来自凤凰、网易和北极星电力新闻网。涉及核电项目的新闻报道则居首位，详见表 2。

近年涉核项目新闻报道最新进度统计表　　表 2

省份	名　称	最新报道进展	日　期	总报道量
广东	大亚湾核电站	大亚湾核电站建后当地辐射水平没变化	2014 年 7 月 23 日	133
	岭澳核电站	岭澳核电站“0 级”事故	2014 年 8 月 1 日	19
	陆丰核电站	陆丰核电厂环评被受理	2014 年 7 月 23 日	2
	台山核电站	中国能建提前完成台山核电 2 汽机扣盖	2014 年 8 月 7 日	1
	阳江核电站	阳江核电预计可拉动 3000 亿元相关产业投资	2014 年 8 月 6 日	150
湖南	桃花江核电站	湖南桃花江有望成为首个开建的内陆核电站	2014 年 5 月 14 日	160
	小墨山核电站	湖南小墨山内陆核电项目已完成投资约 3 亿元	2014 年 3 月 24 日	3
福建	福清核电站	福清核电 2 号机组由安装阶段转入调试阶段	2014 年 8 月 6 日	11
	宁德核电站	宁德核电项目 3 号机组穿转子工作圆满完成	2014 年 6 月 20 日	81
	漳州核电站	漳州核电站明年国庆开工 为闽南首个核电项目	2014 年 8 月 11 日	2
浙江	方家山核电站	方家山核电 2 号机组首炉燃料组件通过出厂验收	2014 年 8 月 7 日	24
	秦山核电站	我国首座重水堆核电站秦山三期并网发电	2014 年 7 月 29 日	27
	三门核电站	三门核电站核心装备在大连研制成功 交付电站使用	2014 年 8 月 6 日	30
山东	海阳核电站	山东核电海阳核电站 2 号机组发电机运抵海阳现场	2014 年 6 月 11 日	3
	石岛湾核电站	安朗杰中标石岛湾核电站安防系统项目	2014 年 6 月 13 日	50
辽宁	红沿河核电站	红沿河核电站一期工程进展顺利	2014 年 7 月 17 日	35
	徐大堡核电站	AP1000 整体进展顺利 徐大堡项目进入审批程序	2014 年 4 月 17 日	10
湖北	咸宁核电站	湖北能源：咸宁核电项目正推前期准备	2014 年 8 月 1 日	43
广西	防城港核电站	中广核防城港核电站 1 号机组冷试正式开始	2014 年 7 月 29 日	34
江苏	连云港核电站	连云港田湾核电站两台核电机组上报待批	2014 年 4 月 24 日	2
	田湾核电站	东方电气签订田湾核电站发电机及汽轮机改造项目合同	2014 年 6 月 23 日	12

注：数据来源于乐思舆情监测。

湖南桃花江、广东阳江和大亚湾核电站的新闻舆论量占比较大，超过50%，具体内容如下：①湖南桃花江核电站舆论起因是网络谣传项目“即将开工”。2014年4月5日，有消息称我国内陆首家核电站湖南益阳桃江县桃花江核电站筹备开工。益阳市委宣传部称，中国核工业集团公司证实该项目并不会“即将开工”。中核集团官网披露，公司正继续严格按照国家有关规定进行前期准备，并非“即将开工”，从而引发了网络舆论。②广东阳江核电站舆论起因：阳江核电站1号机组昨投入商运。2014年3月27日，中国广核集团有限公司、阳江核电有限公司举行新闻发布会，宣布阳江核电1号机组已于25日完成168小时示范运行，具备商业运行条件，26日正式投入商业运行，阳江核电基地也由此成为我国大陆第6个、广东省内继大亚湾核电基地后第2个投入商业运行的核电基地，也是粤西地区首个核电项目。2014年8月6日，新闻报道：阳江核电预计可拉动3 000亿元相关产业投资。③广东大亚湾核电站舆论起因：大亚湾核电站迎来20周年纪念日。2014年5月6日，我国大陆第一座大型商用核电站——大亚湾核电站迎来了商业运行20周年纪念日。中国广核集团（以下简称“中广核”）向公众通报了大亚湾核电站商运20周年安全业绩、对中国核电发展产生的影响和启示。

2014年我国涉核舆情特点

网络舆情包括五大要素：舆情网络、舆情主体、舆情客体、舆情信息、舆情传播模式。舆情网络指舆情传播的网络环境；舆情主体包括在网上发表观点的网民、媒体、政府机构和各类组织等；舆情客体指引发网络舆论的各项社会事务；舆情信息指舆情主体的观点态度内容；舆情传播模式指舆情传播的时间空间特征。随着移动互联网的快速发展和核工业各方对舆情应对工作的高度重视，2014年涉核舆情主要呈现以下4个特点。

1. 新媒体在舆论传播和舆论引导中扮演着越来越重要的角色

随着移动互联网的快速崛起和通信技术的飞跃发展，现代社会已逐渐进入信息碎片化时代。移动互联网上传播的大量舆情信息是网民利用碎片化时间“现场直播”、“即兴点评”产生的，舆情事件中出现误读、误解、误判的现象屡见不鲜。在当前传播模式下，舆情引导如何进行有效传播将是衡量舆情处置能力的重要标杆之一。在南京放射源遗失事件中，南京环保局选择在官方微博对外发布信息，与传统媒体相比既保证了其权威性又确保了时效性，及时中和抵消了网上出现的大量不实言论，同时在事件处理过程中又吸收了大量微博粉丝，可谓一举三得。由此可见，新媒体在舆论传播和舆论引导中正扮演着越来越重要的角色。涉核各单位更需善于利用新媒体解读政策、说明情况、参与舆论表达、进行舆论引导，借助新媒体平台，有效、及时地让社会公众收听到官方声音，尽早铲除易于谣言滋生和散播的土壤。

2. 涉核舆情大多在项目所在地升温发酵，“邻避效应”明显

核技术利用项目往往都与公众生活息息相关，建设地点也常常选在公众生产、生活区域，老百姓非常关注。一旦发生涉核舆情，尤其是涉及新项目选址、开工的，大多在项目所在地迅速升温发酵，“邻避效应”明显。比如，大家都认为需要多发电，但核电厂周边居民一般会在邻避情结的支配下强烈反对将核电站建在自己的城市里。在湖南桃花江核电开工舆情中，随机抽取 100 条网民评论进行网民观点倾向性分析，约有 45% 的网民反对建设内陆核电站，而这其中大部分都是湖南人。在“防城港市申请解除白龙核电站项目合作”舆情事件中，几乎所有发帖均在地方论坛，回帖的网民也大多为当地居民。

3. 个别“专家”的不实言论容易引起网民、媒体的跟风炒作

由于核技术的特殊性，一般民众对它知之甚少。但我国国内有部分反核人士的身份是某个领域的专家、教授甚至院士等公众人物，他们的言论非常容易引起网民、媒体的跟风炒作，舆情处置难度大。如核雾染舆情事件及内陆核电建设等事件中专家言论对公众的引导作用不容小觑，甚至是影响巨大。

4. 政企联动、预防为主，舆情防控初显成效

舆情应对，首先要防止发酵。涉核舆情应对这项工作光靠企业和业务部门是做不成、做不好的，要把有能力控制事态发展的相关政府部门吸纳进来，不让事情发酵，预防负面、消极或恶性事件的发生。“港澳地区反核”舆情事件发生后，社会各方均高度重视，形成从上到下或平级协调的舆情共享和联动应对机制，预判准确，提前采取一系列主动预防措施对舆论进行积极引导，注意放大权威信息，冲抵网络中的不实言论，使整个事态没有进一步扩大化，是今后舆情应对工作的典范。

第四节 涉核舆情态势展望

在传统媒体、网络媒体、新媒体的广泛、持续、全景式的舆论监督下，我国核电甚至核工业领域的任何一点风吹草动都会搅起舆论旋涡。2015 年又是十二五规划的收官之年，伴随着部分沿海地区核电项目陆续获得批准开工和各内陆核电厂竞相准备开工的消息不断传出，涉核舆情必将呈现多发、易发态势。而现阶段我国网络舆情又承载了过多的民意表达和价值诉求功能，在当前中国社会转型期矛盾冲突与解决中发挥着独特的影响。

第三章
涉核舆情重要事件

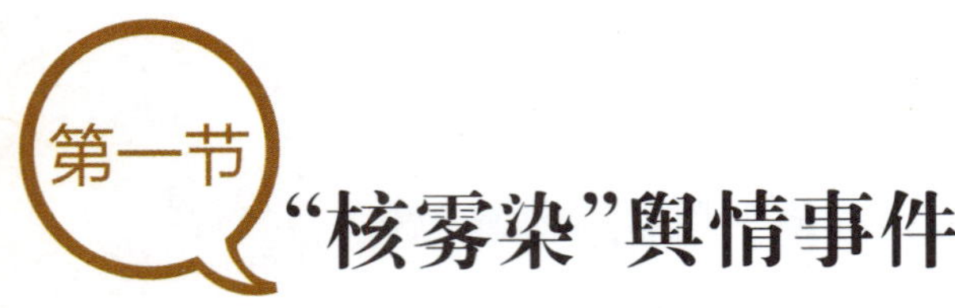

第一节 “核雾染”舆情事件

一、舆情起因及概况

2013 年 11 月 22 日，网民“大海的呼唤”（实名为马可安）在其 QQ 空间发表题为《中国煤炭的崩溃和核雾染灾难》的文章称，“近年来中国的雾霾现象和内蒙古煤炭的核辐射有关”。

2013 年 12 月 23 日，该网民再次于其 QQ 空间发表题为《中国核雾染灾难和肺癌大爆发》的文章称其《中国煤炭的崩溃和核雾染灾难》发出之后，在海内外引起强烈反响，传阅达几十万次。2014 年 1 月 9 日，马可安发表题为《从海湾战争症候群再谈中国核雾染灾难》的文章称:“必须立刻对内蒙煤炭含铀量进行认真严肃全面的调查。必须马上对高铀煤颁布全国性禁采令，必须认真地研究核雾染现象的成因和发展规律，探讨应对措施。这有关中华故土的生死存亡，绝不可以掉以轻心，掩耳盗铃，一味掩饰了事。本文请多多阅读传抄。”此文引起媒体关注，各大主流媒体相继发布类似《“霾中含放射性物质”疯传网络 专家辟谣》的相关文章，引起第一次舆情高峰，随后该舆情趋于平稳。

2014 年 1 月 16 日，马可安在其腾讯微博中发表题为《再谈中国核雾染问题的事实和原理》的长微博称:“我的核雾染理论，从整体上是世界首次提出的新理论，但是其中的每一个构成部分，没有任何一个环节是新的东西，每一个环节都是科学上早有定论，无可辩驳的事实，我只是把一些珠子串了起来而已。”由于此番言论没有可靠数据支持，相关专家纷纷发文对“核雾染”言论进行驳斥和辟谣，该舆情达到第二次高峰。在第二次媒体报道高峰后，该舆情关注度逐渐降低。

2014 年 1 月 26 日，马可安在其腾讯微博中发表题为《对核污染“砖家”辟谣欲盖弥彰》的长微博称:“我提出的核雾染假说，正如任何科学假说一样，它必须经过事实和数据的检验。是对是错，请专家们拿出数据说话。遗憾的是，至今专家们拿不出令人信服的数据说话。有些数据我可以肯定专家们手上有，但是他们不肯拿出来。有些数据他们拿出来了，却是忽悠人的十几年前的旧数据。这不是认真讨论科学问题的老实态度。把最新数据隐瞒起来，拿出十几年前的数据忽悠人，这样辟谣，只能越描越黑，越辟谣越无法让人信服。"

2014 年 2 月 20 日，中国工程院院士潘自强发表题为《"核雾染"不可信》的文章称，"核雾染"的说法纯属无稽之谈，没有任何事实和科学根据。雾霾的产生原因是多方面的，需要全社会共同研究和论证，但将雾霾和辐射联系在一起则是没有根据的。我国已经建立了严密的辐射监测网络和健全的辐射监管体系，可以保证公众的健康与安全。

二、舆情资讯

（一）舆情关注度

选取"核雾染"自 2014 年 1 月 8 日至 1 月 22 日的百度新闻报道增量、新浪微博发博增量进行分析，按 1 天的统计频率绘制关注度走势图（图 1）。

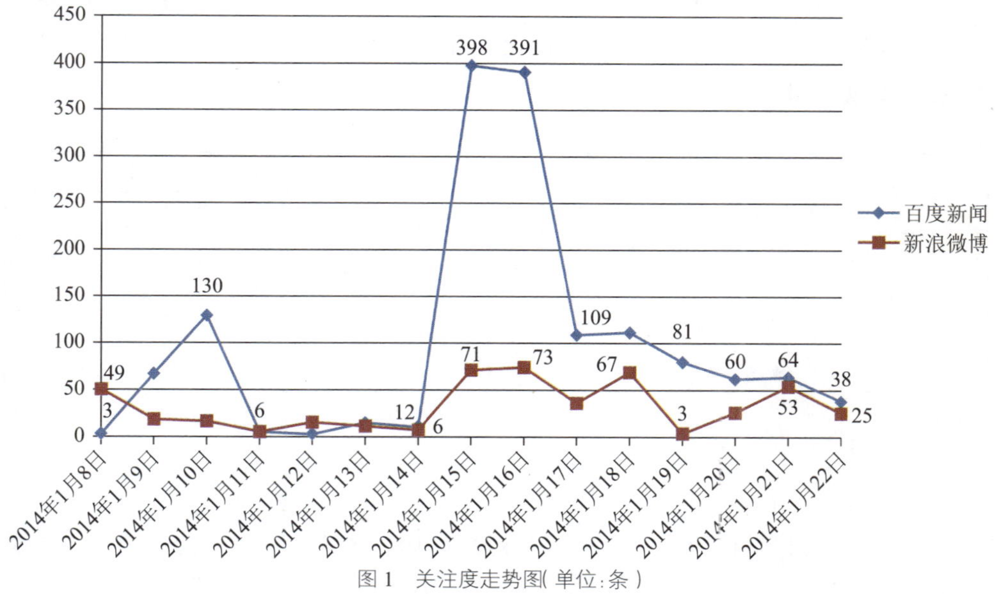

图 1　关注度走势图（单位：条）

从图来看，1 月 10 日"核雾染"事件引起第一次舆情高峰，随后该舆情趋于平稳。在 1 月 15、16 日，由于专家发现马可安"核雾染"言论没有可靠数据支持，纷纷驳斥该言论并进行辟谣，该舆情达到第二次高峰。之后该舆情关注度逐渐降低。

（二）媒体报道情况

对截至 2014 年 3 月 3 日“核雾染”舆情事件网民关注度较高的新闻报道的点击和转载量进行统计，详见表 3。

“核雾染”舆情事件新闻报道一览表　　表 3

新闻标题	日　期	来　源
莫让雾霾成因成为又一个“转基因之争”	1 月 9 日	中国青年报
“核雾染威胁说”迅速蔓延 专家称完全是混淆概念	1 月 9 日	中国广播网
“华北核雾染说”缺乏科学依据	1 月 15 日	中国青年报
专家驳“核雾染”：放射性物质在自然界中普遍存在	1 月 16 日	新华网
“核雾染”谣言发酵折射政府应对迟缓	1 月 16 日	长江商报
雾霾治理遇新问题 多领域专家会诊公共环境困局	1 月 16 日	科技日报
新华网评：莫让“核雾染”谣传遮望眼	1 月 16 日	新华网
核雾染之谣蹿红的背后推手	1 月 19 日	新华社

（三）博客、论坛发帖情况

对截至 2014 年 3 月 3 日论坛中网民关注度较高的“核雾染”舆情事件发帖进行统计，详见表 4。

“核雾染”舆情事件论坛发帖一览表　　表 4

标　题	日　期	来　源
核雾染，空前的生存灾难正在中华大地悄悄上演	1 月 10 日	中华论坛
中国核雾染是真的吗？果壳网揭穿物理学博士马可安的谎言	1 月 10 日	互动中国和平论坛
中国雾霾是由于核污染？马可安的核雾染是谎言还是真相？	1 月 10 日	互动中国和平论坛
专家院士回应“华北雾霾与核辐射有关”传闻	1 月 15 日	凯迪论坛
★雾霾——核雾染★	1 月 16 日	网易论坛

（四）微博发博情况

1. 官方辟谣前“核雾染”相关微博数据分析

2014 年 1 月 7 日，新浪微博网民“珠海李卓麟”对马可安《中国煤炭工业的崩溃和核雾染灾难》文章进行了转载，该微博为马可安发表“核雾染”言论后，转发和评论量较大的微博。对其微博数据进行技术分析结果如下：

通过对该微博转发用户排名的分析可知（图 2），网民“珠海李卓麟”的微博主要被“zhixiangziyou”、“孙大泡老窝”、“北京厨子”三位网民转发，其中“北京厨子”具有36万多粉丝量，影响力较大。

排名	昵称	粉丝	用户类型	时间	二次转发
1	zhixiangziyou	717	普通用户	2014-01-12 00:35	363
2	孙大泡老窑	53 533	普通用户	2014-01-12 00:38	361
3	北京厨子	363 908	普通用户	2014-01-12 00:47	153

图2　微博二次转发量排名

在对该微博转发用户地域分析中（图3）发现，北京、广东等地区用户的参与度相对高。

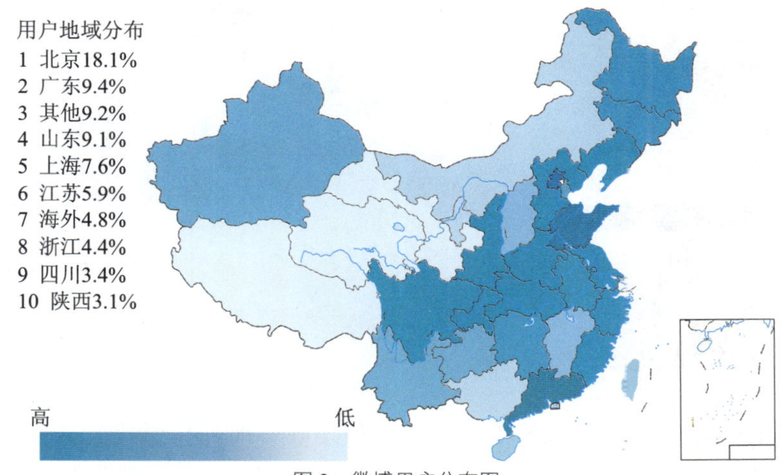

图3　微博用户分布图

2. 官方辟谣后“核雾染”相关微博数据分析

1月17日，百度百科在其新浪官方微博发博称，近期网络流传一篇文章中提到的“核雾染”引发公众高度关注。15日晚，北京大学公共卫生学院教授潘小川等专家在做客新华访谈时称，上个月国际癌症研究机构在里昂的会上，已确切认定细颗粒物为致癌物。2014年已经来了，我们的天空会少些致癌物吗？该微博为官方辟谣后转发和评论量较大的微博，对其微博数据进行技术分析结果如下：

通过对该微博转发用户排名的分析可知（图4），该微博被“百度百科”本身进行了32次的转发，其具有约31万的粉丝量，使得该微博影响力颇大。

排名	昵称	粉丝	用户类型	时间	二次转发
1	百度百科	3 149 578	企业认证	2014-01-17 15:06	32
2	郑州平协徐长新	343	微博达人	2014-01-17 14:14	2
3	高楼1	327	普通用户	2014-01-17 14:16	1

图4　微博二次转发量排名

在对该微博转发用户地域分析中（图 5）发现，北京、广东等地区用户的参与度相对高，但与官方辟谣前的微博相比，北京用户参与度有所降低。

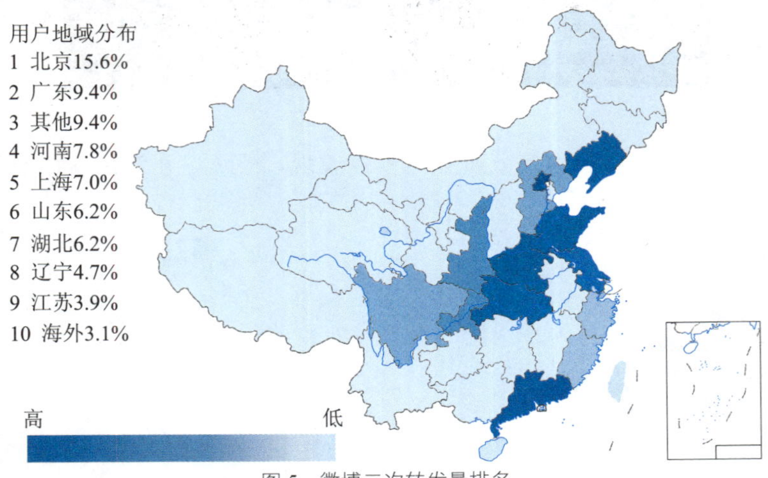

图 5　微博二次转发量排名

三、网民观点分析

在新闻报道和新浪微博等平台随机抽取 100 条网民评论进行网民观点倾向性分析（图 6）。从网民评论来看，约有 34% 的网民认为“核雾染”言论为谣言，有 15% 的网民呼吁相关部门对此进行解释说明。

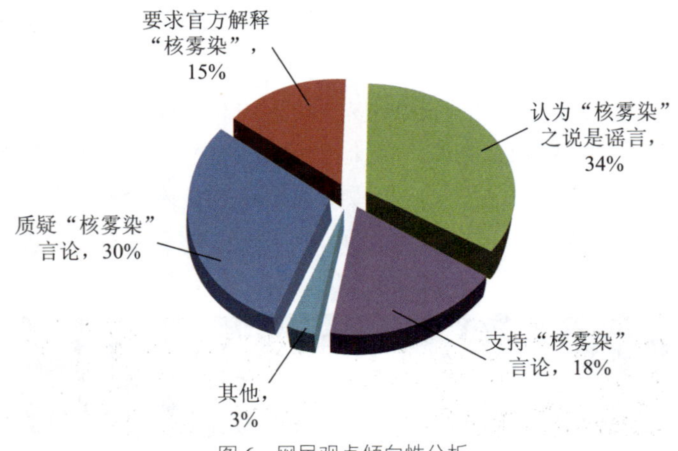

图 6　网民观点倾向性分析

部分网民观点摘录如下：

1. 对“核雾染”持质疑态度（30%）

网民“劳希2011”：哦？这雾霾到底是什么原因导致？至今也没有一个有说服力的解释。事实证明：在这个领域哪有什么专家啊……

2. 要求官方针对“核雾染”给予明确的解释（15%）

网民“小胡子的哥哥”：请求公布各地空气中放射性元素的具体数值表！没有数据，人家是猜测，你们也是猜测！

3. 认为“核雾染”之说是谣言（34%）

网民“云中的攀峰者”：核雾染？很想知道哪些货会信，那些货明知有假而故意传播。更想知道这个恶心的人出于什么用心会编造这个愚蠢的谣言。

4. 支持“核雾染”言论（18%）

网民“04510451”：危机已经开始了，悄悄地开始了。很多的危机在后面……

5. 其他（3%）

网民“太阳雨”：面对雾霾只有少开车，不放烟花，保护环境从小事做起，从你我做起。

通过“百度指数”工具对参与“核雾染”讨论的网民年龄分布（图7）进行分析发现，年龄在30～39岁阶段的网民占总数的37%，年龄在50岁以上的网民站总数的33%。该数据表明“核雾染”话题主要被30岁以上的中老年网民群体关注，青少年对该舆情关注度较低。

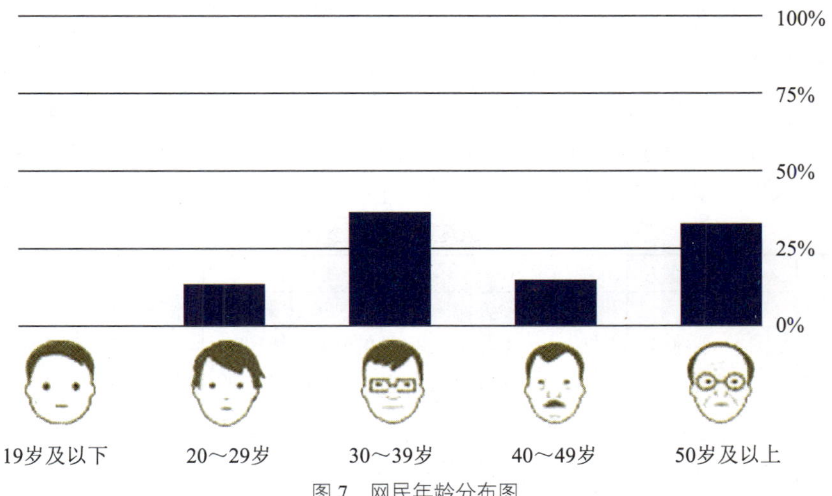

图7　网民年龄分布图

第二节 江苏南京放射源遗失事件

一、舆情起因及概况

(一)舆情起因

2014年5月7日,天津宏迪工程检测发展有限公司在位于南京浦六北路188号的中石化第五建设有限公司院内进行探伤作业期间,4名工作人员在放射源操作和保管过程中违反相关规定,导致一枚用于探伤的放射源铱-192丢失。

5月8日晚11时,该公司向公安局报案,并于次日凌晨1时报南京市环保局。南京市环保部门在及时逐级上报的同时,派出专业技术人员于凌晨2时赶赴丢失现场。市环保局称,现场指挥部根据专家意见,为减少大范围公众恐核焦虑,在对丢失情况有准确的了解及采取了设立1公里警戒区域、各地专家和特种设备赶来加入搜寻、部署医疗救治等各项举措后,于10日中午12点16分在其官方微博"南京环保"发快讯称"丢失的放射源已锁定并采取安全措施"。当日17:30,南京市环保局表示"丢失放射源已被找出,并成功地放入铅罐回收"。

5月11日,南京警方发布消息称,南京放射源丢失事故中4名责任人已被刑事拘留。最终调查结果显示,天津宏迪检测公司丢失的放射源铱-192系中石化第五建设公司工人王某捡拾后丢弃。后王某本人因身体受到辐射伤害接受治疗,此次事件中未发现其他受伤人员。事件完整过程见表5。

南京放射源丢失事件全回顾 表5

日期	时间	关键词	详情
5月7日	凌晨四时	丢失	天津宏迪检测公司,在南京中石化五公司预制场,使用一枚Tr-192(2类放射源)于7号晨4点作业完毕,收源时发生机械故障。现场工作人员以为源已回收,携设备回公司
	上午八时	捡拾	中国石化第五建设公司工人王某捡到了该放射源,误以为是贵重物品,将其装入上衣口袋
	上午11时30分	丢弃	王某将放射源带回位于梅王组附近的家,将其丢在自家院子

续上表

日　期	时　间	关键词	详　情
5月8日	晚23时	报警	天津宏迪检测公司发现放射源丢失后，于23:00报案
5月9日	凌晨一时	报环保局	凌晨1点天津宏迪检测公司报南京环保局
5月10日	凌晨5时	再次丢弃	王某将这个链条状的铱-192装进一个蓝色塑料袋里，包好后，扔到其住所旁的草丛内
	10时左右	锁定	锁定放射源在2平方米范围内，并采取安全措施，专业人员正组织回收
	12时16分	公布	@南京环保微博公布"丢失的放射源已锁定并采取安全措施"
	17时30分左右	找回	放射源被找到并放入安全箱内

注：来源于人民网

（二）舆情概况

5月9日21:27，腾讯微博网民"尐杰 "发博称："大新闻，今天在南京阁堂中石化五公司，工地上检测使用的放射源丢失了，一百多口人被隔离十四个小时，事大了！"

5月9日22:46，新浪大V"侍话画"发微博称"钴60，南京江北遗失！"，并粘贴了盖有"江苏省卫生厅"公章的紧急通知及一张疑似放射源的图片，内容与本次事故吻合度较高。该条微博有一定转发量，引起网络关注。

5月10日12时16分，南京市环保局在其新浪官方微博上发布题为《丢失的放射源已锁定并采取安全措施》的信息，对发生于5月7日的放射源丢失情况，江苏省、市、区政府相关部门对事故的处置情况进行了说明，指出丢失放射源已于5月10日上午10:30被锁定，正采取相应的安全措施，并对事故的影响进行了通报。该消息经中国新闻网报道后引起国内各大媒体大量转发。

同日，江苏新闻网以《南京一企业丢失放射源　江苏省遗失放射源事件属偶发》一文对该事件进行跟踪报道，并称"江苏省发生的遗失放射源事件数量并不多，有时一年发生一两起丢失三类放射源事件"。

5月11日，中国广播网发表题为《南京三天找回丢失放射源　信息发布被指太迟滞》文章，指责政府信息发布太片面且不及时，并质疑："这个丢失的放射源是什么物质，它的危害究竟有多大呢？从5月7日丢失，到5月10日安全回收，在将近90个小时的时间里又都发生了什么？"该新闻迅速被新华网、新浪网等媒体转载，引发大量网友参与讨论。

同日，《新京报》发表社论《放射源丢失岂能“锁定”才公开》，指责有关部门工作不力。文章称：“放射源丢失，这是涉及公众安全的严重问题。理应第一时间让公众知晓，这样，公众才会有所戒备，积极防范。南京相关部门‘闭门查找’的做法，实际上把社会公众都置于风险之中。”

《京华时报》也刊登文章《放射源丢失问责不能手软》，称：“诚然，在未确定位置之前就公布，会徒增人们的恐慌心理，但公众知情权和自我避险意识如何维护？”

5月12日，《人民日报》发表文章《南京丢失放射源已回收　市民仍存担忧》，指出虽然丢失的放射源已被回收，但不少市民心里的担忧并未完全消除。文中对于事件信息迟滞公布也提出质疑，对此南京市环保局相关负责人称，他们是按照相关应急程序在做，不存在推诿敷衍塞责的情况。

5月13日，《扬子晚报》刊登文章《省环保厅昨回应“信息公开滞后”：为了避免引起不必要的恐慌》，文中负责人表示：“要对事情的前因后果有个了解，对事情可能发生的区域范围有个了解，核实以后才能发布，是不是真丢了，放射源具有高度敏感性，要了解什么区域内丢掉的，不引起不必要的恐慌。”

二、舆情资讯

截至5月10日18时00分，监测结果显示新闻报道共247篇，新浪微博38条，关注度走势如图8所示。

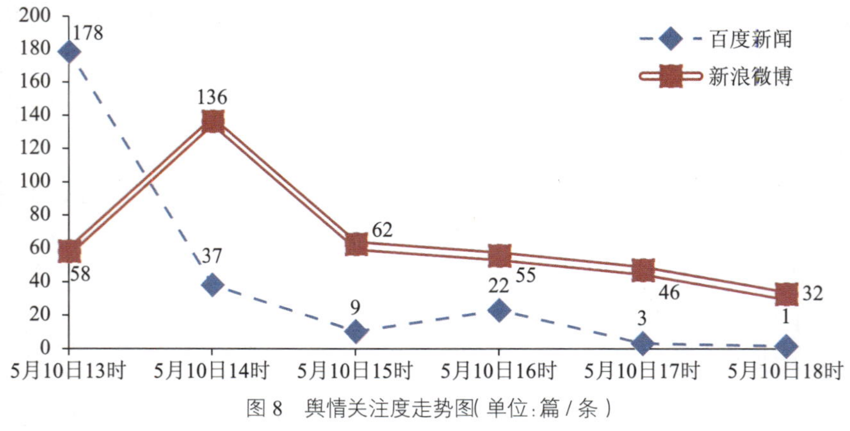

图8　舆情关注度走势图(单位:篇/条)

由舆情关注度走势图分析可知，南京市环保局首次发布官方信息时媒体关注达到峰值，引发微博关注度迅速升高。在后续信息发布前舆情关注度持续下降，当发布“放射源短时间内不能回收”信息后，引起关注度再次回升。南京市环保局发布官方信息经网络主流媒体大量转载后，网络上一些不实信息的传播得到了较大程度的遏制，直到 10 日官方证实“遗失放射源已被顺利回收”后舆情态势明显平缓。

三、网民观点分析

搜狐新闻网转载南京市政府官方微博信息的新闻共有 8950 人参与讨论，评论 716 条。该新闻一经发布，迅速引起了国内媒体的关注，截至 5 月 10 日时间，百度新闻监测相关新闻 19 篇，转载 300 余次，网民评论 893 次；随机抽取 100 条网民评论进行分析，网民观点倾向性分布见图 9。

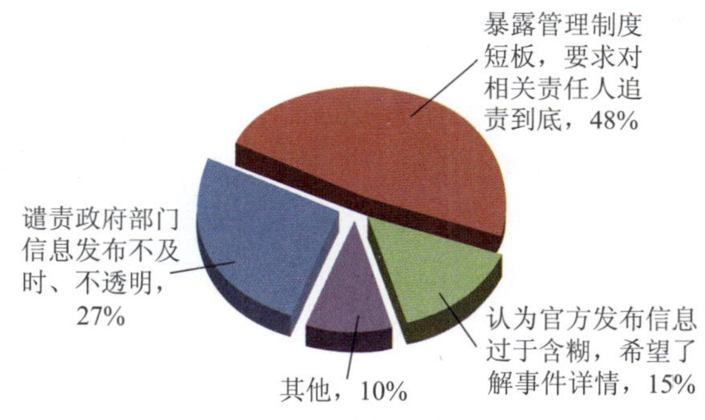

图 9　网民观点倾向性分布图

第三节 桃花江核电开工舆情事件

一、舆情起因及概况

2014 年 4 月 5 日 8:32，红网（http://www.rednet.cn）发表题为《桃花江核电站前期准备完成正筹备开工》的文章，称湖南益阳桃江核电办党组成员、纪检组长彭志勇说，用一个词可以概括桃江县当地百姓对核电的认知和态度，那就是“怕核电”，不过不同的时期，怕的内容却完全不同——在以前，由于对核电了解不多，桃江百姓，特别是核电厂区周边民众对建设核电项目都很抗拒，主要是怕核电不安全。而现在，百姓们则是“怕核电不建在我们这里了”。该新闻引起媒体和网民的广泛关注，随后被红网删除。

2014 年 4 月 5 日 22:09，中国新闻网发表了《中核集团桃花江公司否认核电项目“即将开工”》的文章称，中核集团湖南桃花江核电公司党委书记左云峰 5 日在接受中新网记者独家采访时表示，该核电项目将争取尽早开工，并非网传的“即将开工”。

二、舆情资讯

(一)舆情关注度

选取 2014 年 4 月 5 日至 4 月 11 日的百度新闻报道量、新浪微博发博量进行分析，按 1 天的统计频率绘制关注度走势图（图 10）。从关注度走势图来看，2014 年 4 月 5 日红网发布《桃花江核电站前期准备完成正筹备开工》的文章，随后中国新闻网发表辟谣文章，引起媒体和网民关注，4 月 6 日该舆情出现媒体报道高峰，次日关注度开始下降。

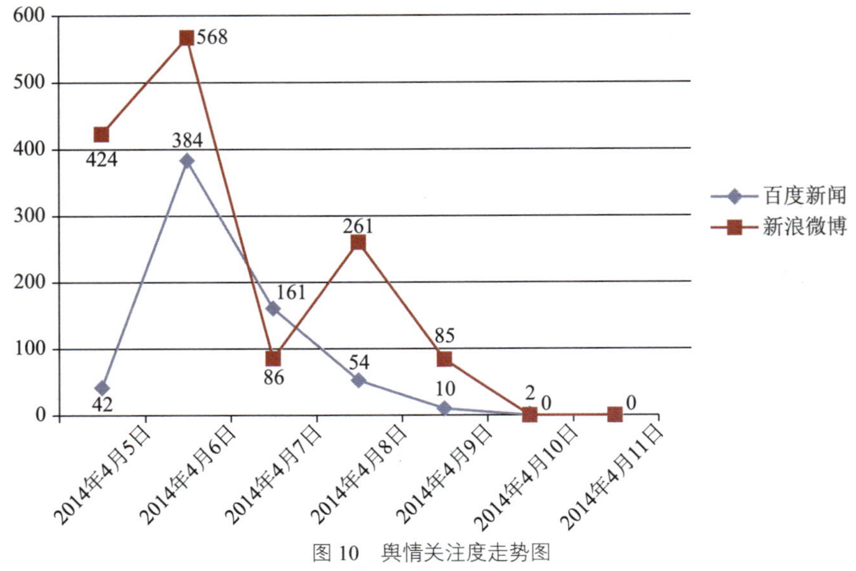

图 10　舆情关注度走势图

（二）新闻媒体报道情况

截至 2014 年 4 月 11 日，对桃花江核电开工的媒体评论性报道进行统计，详见表 6。

桃花江核电开工媒体报道一览表 表 6

新闻标题	日期	来源
桃花江总经理：内陆核电站本身就是个伪命题	4 月 6 日	中华网
传言开工　湖南桃花江核电站再引争议	4 月 6 日	一财网
桃花江公司否认内陆首个核电站"即将开工"：在筹备	4 月 6 日	中财网
桃花江核电站"将开工"不实	4 月 7 日	信息时报
南都：上马核电须先纾解公众安全疑虑	4 月 7 日	南方都市报
"内陆第一核电站"再引争议	4 月 8 日	第一财经日报
内陆核电躁动难耐　桃花江核电站项目否认即将开工	4 月 8 日	每日经济新闻
安邦："稳增长"再迫切也不能轻易上马内陆核电站	4 月 8 日	财经网

部分媒体观点摘录如下：

2014 年 4 月 7 日，南方都市报发表题为《南都：上马核电须先纾解公众安全疑虑》的文章称，根据已有的报道，此前就项目所涉及的敏感问题，桃江的确做了不少工作，至于这些工作是否足以说服民众，答案尚难以确定。"怕核电不建在我们这里了"这样的表态出自官方之口，鉴于官方肯定希望项目能够顺利落地，这就难免让人担心在传递民意的过程中会发生失真。

2014 年 4 月 8 日，财经网发表题为《安邦："稳增长"再迫切也不能轻易上马内陆核电站》的文章称，对决策层来说，在中国公众越来越重视环境和生活质量的现在，建设核电站不光是个政府说了就算的经济决策，还是个涉及公众多种利益的社会决策和政治决策。1979 年美国三哩岛核事故后，美国政府在 5 年内取消了 31 个核电项目；此后 30 多年里美国未新建一座核电站，直至 2011 年美国国会和总统才批准开工建设 2 座核电站。这足以显示建设核电站的决策在现代社会的复杂性。当前中国经济的下行压力加大了"稳增长"、加快推出大型建设项目的迫切性，但对于存在高度风险的内陆核电站项目，决策层要站在历史的高度，极为谨慎地决策，不能匆忙推出。

（三）微博关注情况

截至 2014 年 4 月 11 日，关于桃花江核电开工的相关发博以媒体的官方微博为主，网民的主要发帖内容为转载相关新闻报道，网民关注度较低。

（四）论坛、博客关注情况

截至2014年4月11日，论坛、博客中有关桃花江核电开工的相关发帖多以转载媒体新闻报道为主。

三、网民观点分析

随机抽取100条网民评论进行网民观点倾向性分析（图11）。从网民评论来看，约有45%的网民反对建设内陆核电站，仅有24%的网民支持发展核电。

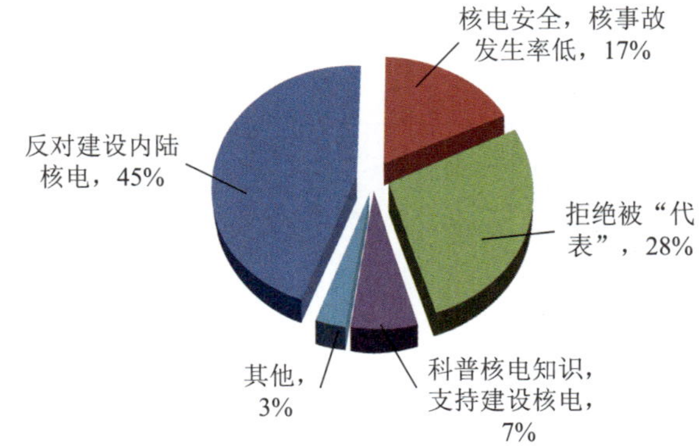

图11　网民观点倾向性分析

部分网民观点摘录如下：

1. 反对建设内陆核电（45%）

网民“彭建良”：终究是危险的，以后要是出点什么事故，湖南就麻烦大了！

网民：作为一个湖南桃江人，我坚决反对在当地建核电站。桃江当地水域虽广，但也处于河流的上游。一旦发生核事故，整个下游的岳阳、长沙等地都将惨不忍睹。

2. 拒绝被“代表”（28%）

网民“超级小板凳”：我就是湖南人，我不欢迎，求求你们就别代表我了！

3. 核电安全，核事故发生率低（17%）

某网民：核电的监管还是很严格的，设计、施工、运行管理都有一套成熟的规范。对环境的影响上，相对火电燃煤总比火电强吧，怎么也算清洁能源吧，中国电力70%在烧煤。各种喷子喷壶头，不建核电，你是能生出天然气来，还是能研究出90%光电转化率的太阳能设备来？

4. 科普核电知识，支持建设核电（7%）

某网民：你们根本就不知道建设一个核电站施工监管有多严格，建设周期一般一个机组要五六年，中间有不停地调试和检测，核电站验收发电后一样要进行不断的检测、调试、修改设计等，其复杂程度与严格程度请不要拿一般的工程来比较，谢谢！！！那位南华的学生说得不错，在学校是学到真正的东西了。

5. 其他（3%）

某网民：房子关乎百姓幸福啊！

第四节 福岛核事故三周年我国及周边地区涉核舆情

一、舆情起因及概况

2014年3月，时值福岛核事故三周年之际，适逢我国“两会”召开，核电重启的呼声渐起，3月6日，主要来自核电界的11名全国政协委员提出了名为《加快推动“华龙一号”走出去，早日实现核电“强国梦”》的提案。我国及周边地区和国家出现了大量的涉核舆情。

据日本共同社报道，东日本大地震即将过去3年，每周五在首相官邸前呼吁零核电的首都圈反核电联盟等3个团体9日在东京举行了大型集会，在国会和官邸周围进行了游行。主办方介绍称，约3.2万人参加了当天的集会。

台湾多个地方8日举行反核串联游行。主办单位“废核行动平台”以“全面废核、面对核废、终结核四、立即停建”为诉求，号召10万民众上街。这是继去年3月9日后，台湾再次举行的大规模反核行动，在台北、台中、高雄、台东、宜兰、苗栗、台南、屏东等县市联连登场。台湾行政管理部门发言人孙立群表示，逐步走向非核家园是既定立场，没有核安（核电安全），就没有核四（核电四厂）。期盼能与社会各界持续以理性沟通的方式，共同思考台湾未来。

二、舆情资讯

（一）日本反核舆情

2014 年 3 月 9 日，日本全国超过 175 个城市举行反核游行，逾三万人包围国会议事堂示威。而安倍却表示，对于零核日本没有信心。“3•11” 日本大地震过去整整 3 年，这三年间，民间反核声浪日趋强烈，游行示威从不间断。然而，从坚决“弃核”的菅直人，到“暧昧”的野田佳彦，再到高举“重启核电”的安倍晋三，日本执政党态度发生了“大逆转”，“拥核”决心越来越强。

3 月 24 日，日本地方议员组成的“核电地方居民联合会”向政府提交公开问询书，就核电安全性相关的 7 个问题质疑政府。经过审定，日本政府最有可能首先重启的是九州电力的川内核电站。九州电力公司否认附近存在活火山，居民担心有喷发的可能性。问询书列举重启核电站的种种危险，要求政府明确回答“是否能百分之百保证绝不会再有核电站泄漏等事故发生”。如果得不到回答，将通过国会议员提交内阁审议。

（二）台湾反核舆情

2014 年 3 月 8 日，数以万计的台湾民众走上街头，展开“3•8 废核大游行”。在这次反核游行中，许多反核民众在台北市最繁忙的中山北路与忠孝东路口，无预警地就地卧倒，集体演出“一旦核灾发生，台湾人民只有死路一条”的模仿情景剧，这种明显违法的动作，未来若是变成常态，社会必然更加混乱。

3 月 17 日上午，民进党新北市长参选人游锡堃与多位民进党籍“议员”，在板桥民权路竞选总部前举行“3•29 反核路跑记者会”，呼吁民众参加 3 月 29 日在台北市凯达格兰大道的反核路跑；他提到，核安是假的，核灾才是真的，日本福岛是借镜，反核才能保护台湾。

3 月 18 日，台湾名为“爸爸非核阵线”的组织呼吁全民参与“3•29 反核路跑”互动；“爸爸非核阵线”上午举行“核辐大逃杀，3•29 反核大路跑”记者会，说明路跑活动报名将于 20 日截止，希望全民踊跃参与，展现反核意志。

（三）"两会"涉核舆情

3 月 2 日在北京会议中心，全国政协委员、中核新能源公司总经理钱天林对中国证券报记者说："我们希望尽快启动，毫不犹豫地发展核电！"

3 月 4 日上午，中国电力投资集团公司总经理、国家核电技术有限公司董事陆启洲接受了中国国际广播电台记者采访。他反复强调，发展核电，安全是第一位的。

3 月 5 日，全国政协委员、中国广核集团有限公司董事长贺禹在全国两会现场接受采访时表示，以煤炭、火电为主的能源电力生产和消费结构，是造成我国生态环境持续恶化的主要原因之一。我国目前的核电发展规模太小，要加快发展核电等清洁能源。

在 2014 年的政府工作报告中，国务院总理李克强表示要"鼓励通信、铁路、电站等大型成套设备出口，让中国装备享誉全球"。3 月 6 日，在全国"两会"上，主要来自核电界的 11 名全国政协委员提出名为《加快推动"华龙一号"走出去，早日实现核电"强国梦"》的联名提案，由全国政协委员、中国广核集团有限公司董事长贺禹发起，其他联名的全国政协委员包括国家发改委副主任朱之鑫、国务院国资委副主任金阳、中国核工业建设集团公司总经理王寿君、东方电气集团董事长王计、中国建筑工程总公司董事长易军、中国核电工程公司总经理刘巍、中国原子能科学研究院院长万钢、中国核动力研究院院长罗琦、中国节能环保集团董事长王小康、亿阳集团股份有限公司董事长邓伟等。

3 月 6 日，在铁道大厦举行的全国政协分组讨论会上，全国政协委员、国家能源副局长王禹民表示，准备将内陆核电恢复起来，"核电是技术路线的问题，第三代核电可以避免东京福岛核电的问题"。但全国政协委员、银监会前任主席刘明康表示，核电重启需要慎重地搞，尤其是内陆核电站。

《中国环境报》于 3 月 6 日出版"福岛事故三周年"特刊，采访相关领域的专家，分析中国核电站受海啸地震影响可能性，解读核安全"十二五"规划和核电厂改进措施落实情况，说明核能发展必要性，报道日本核能最新动态，提前进行舆论释压。其中头条文章为《中国核电站会受海啸地震影响吗？》该文章被微信账号"核电纵横"和多家网站转载。

3 月 7 日，国家能源局发出通知，聘请中科院院士欧阳予、原国家能源局局长张国宝等 13 位国内核电领域知名专家为第一批"国家能源局核电科学发展咨询专家"，在核电规划、政策制定、战略实施等方面，提供咨询支持。

三、网民观点分析

2014 年 3 月 11 日，正值福岛事故三周年，国内外各大主流媒体纷纷报道福岛核电站现状，以及各地的反核游行。但国内网民对核电的关注度并未显著提升，鲜有网民发表涉核评论。在已有评论中，仍以反对建设核电为主，部分网民观点摘录如下。

北京网民：可是，核电厂建在哪里呢？谁不怕啊，可能沙漠里最安全。

上海网民：为什么这种清洁能源不使用，全靠火电，天天吃吃雾霾得了。

上海网民：我反对，更不希望出口，我怀疑设计严谨性和产品质量所有环节。

2014 年核安全峰会舆情情况

一、舆情起因及概况

2014 年 3 月 24 日，第三届核安全峰会在荷兰海牙举行。国家主席习近平出席并发表重要讲话，介绍中国核安全措施和成就，阐述中国关于发展和安全并重、权利和义务并重、自主和协作并重、治标和治本并重的核安全观，呼吁国际社会携手合作，实现核能持久安全和发展。核安全峰会引起媒体的广泛关注，各大媒体纷纷发表评论性文章进行解读。

同时，在第三届核安全峰会之前，全国人大十二届二次会议和全国政协十二届二次会议（以下简称“两会”）于 3 月 5 日—13 日在北京召开，国政协委员、中广核董事长贺禹，全国人大代表、中国核工业集团董事长孙勤等代表在会议上提出核能发展的相关提案，并积极接受媒体采访，原国家能源局局长、国家能源专家顾问委员会主任张国宝和核电专家张禄庆就我国核能行业发展问题表达了各自的观点；之后，3 月 11 日是日本福岛核事故三周年纪念日，也引起了媒体对核安全问题的关注，在此舆论环境下，习近平主席在核安全峰会阐述中国核安全观，形成了媒体的报道高峰。

二、舆情资讯

（一）舆情关注度

选取2014年3月23日至3月27日的百度新闻报道量、新浪微博发博量进行分析，按1天的统计频率绘制关注度走势图（图12）。从关注度走势图来看，2013年3月23日，媒体对第三届核安全峰会的关注度开始上升，部分媒体开始发表前瞻性文章分析本次核安全峰会的看点。2014年3月25日，习近平在第三届核安全峰会上阐述中国“核安全观”，引起国内外媒体高度关注，在3月26日媒体报道量达到顶峰后，次日该舆情关注度逐渐降低。

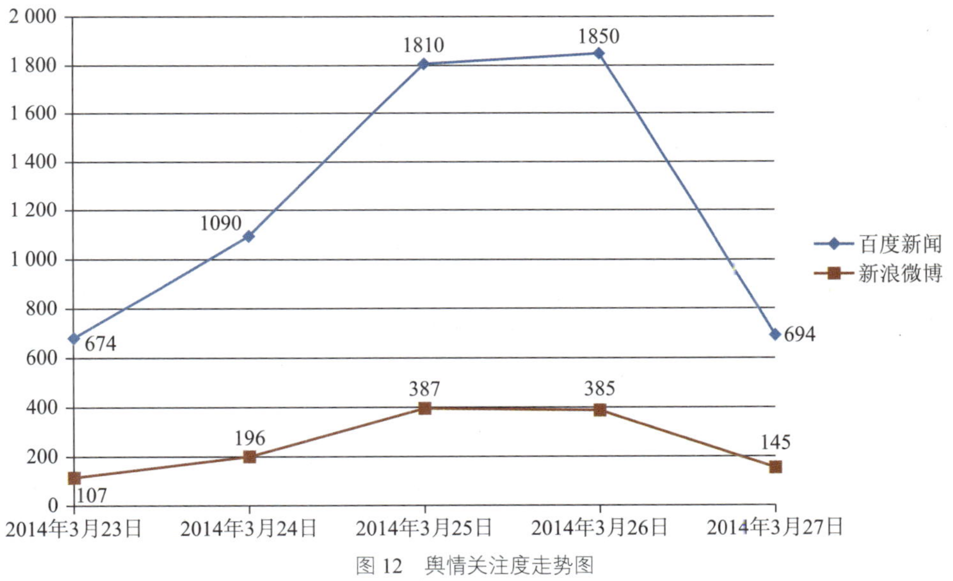

图12 舆情关注度走势图

（二）新闻媒体报道情况

截至2014年3月27日，对第三届核安全峰会重要新闻报道进行统计，详见表7。

2014年3月24日，解放日报发表题为《沈丁立：海牙核安全峰会的四大看点》的文章称，海牙峰会有多个看点，主要包括以下四点。第一，核安全的源头在核材料，保障核安全必须限制制造和使用核材料，但这同当前的国际核能发展现状发生矛盾。第二，限制高危核材料在核武器以外领域的使用，还需在海军核动力舰艇的核燃料方面下功夫。第三，中国在建的民用核能规模世界第一，世界必然关注中国在核安全领域的举措。第四，在此次峰会前，日本囤积过量敏感核材料的问题已成世界热点。

第三届核安全峰会新闻报道一览表　　表7

新闻标题	日期	来源
核安全峰会，一场为未来准备的协商	3月24日	新京报
沈丁立：海牙核安全峰会的四大看点	3月24日	解放日报
中国国家原子能机构：我国多年保持良好核安保记录	3月24日	人民日报
习近平在荷兰海牙核安全峰会上的讲话（全文）	3月25日	新华社
中国首提"核安全观"引起国际社会关注	3月25日	中国青年报
人民网评：核安全峰会，让光明驱散黑暗	3月25日	人民网
专家访谈：中国站在更高角度考虑核安全	3月25日	新华网
核峰会模拟核危机　习近平即席发言	3月26日	新华网
中国核安全观亮相海牙峰会　展示中国卓越贡献	3月26日	环球时报
中国核安全观体现大国担当	3月26日	人民日报
专家：中方在核安全峰会上彰显负责任的核安全观	3月26日	人民网
核安全不能让一个伙伴掉队	3月26日	齐鲁晚报
析习近平核安全峰会讲话：表达中国对核安全慎重态度	3月26日	中国新闻网
新华国际时评：为全球核治理指明新方向	3月26日	新华网
书写"核"世纪的"和"历史——记习近平主席出席荷兰海牙核安全峰会	3月26日	人民日报
合作打造核安全国际体系（新论）	3月27日	人民日报
世界需要核安全新体系	3月27日	人民日报
中国核安全国际合作现状及发展趋势	3月27日	中国环境报
加强核安全　防范核恐怖主义	3月27日	中国环境报

2014年3月25日，新华社发表了《习近平在荷兰海牙核安全峰会上的讲话（全文）》，习近平在讲话中指出："我们要坚持理性、协调、并进的核安全观，把核安全进程纳入健康持续发展的轨道。第一，发展和安全并重，以确保安全为前提发展核能事业。第二，权利和义务并重，以尊重各国权益为基础推进国际核安全进程。第三，自主和协作并重，以互利共赢为途径寻求普遍核安全。第四，治标和治本并重，以消除根源为目标全面推进核安全努力。"

2014年3月25日，人民网发表题为《人民网评：核安全峰会，让光明驱散黑暗》的文章称，不必谈核色变，也不能因为核材料可能被恐怖分子染指就抛弃核能，关键是如何趋利避害。人类要更好利用核能、实现更大发展，必须应对好各种核安全挑战，维护好核材料和核设施安全。以我国的大亚湾核电站为例，自投产以来一直安全稳定运行，为香港和珠三角地区的经济社会发展和环境保护做出了贡献。可以预期，只要扬长避短，保持安全稳定运行，作为一种安全、清洁、经济、可靠的能源，核能在促进资源节约型和环境友好型社会建设等必将发挥更大作用。

2014年3月26日，新华网发表题为《新华国际时评：为全球核治理指明新方向》的文章称，习近平主席阐述的中国核安全观，内涵丰富，全面系统。中国核安全观提出要“理性、协调、并进”，从战略、全面、持久三个维度阐释了中国对待核安全问题的基本原则和思路。中国核安全观提出“四个并重”，从发展和安全并重、权利和义务并重、自主和协作并重、治标和治本并重四个方面，指明了完善全球核治理的关键方法和途径，是解决全球核安全体系积弊的对症之药。

2014年3月27日，人民日报发表题为《世界需要核安全新体系》的文章称，中国核安全观的基本内容是发展和安全并重、权利和义务并重、自主和协作并重、治标和治本并重，具有鲜明的中国特色。首先，中国的核安全观是全面的，包括了如何认识核安全问题和如何应对核安全问题两方面。其次，中国的核安全观是公正的。中国强调应在核能发展和维护安全之间、在行使权利和履行义务之间保持平衡。中国不为一己私利，也不采取双重标准。再次，中国的核安全观是有效的。中国提出以消除根源为目标来推进核安全，并明确了消除根源的途径。当前，日本在其境内大量存储核材料，包括武器级核材料，供需严重失衡，造成核扩散风险和核安全隐患。中国正督促日本以对国际安全负责任的态度，尽快解决问题。最后，中国的核安全观是合作的。中国希望更多国家加入国际核安全进程，加强交流与协作。

2014年3月27日，中国新闻网发表题为《析习近平核安全峰会讲话：表达中国对核安全慎重态度》的文章称，在核问题上，国际社会长期一直纠结的主要是两方面的问题，一是发展和安全关系问题。和平利用核能对于促进和平发展是有好处和帮助的。但如果安全问题解决不了，核本身的问题解决不了的话，可能给发展带来的损失和负面效应那也是超出预期的。另一根本问题是，国际社会的监督和管理和自主发展资源的矛盾。习主席在讲话里面提出四个并重，这四个并重，全面回答了两个根本的问题和矛盾。如果为了所谓的发展而牺牲安全的话，那不是中国愿意接受的。实际上向国际社会传达了一个信号，就是中国还是希望把安全和发展能够平等对待。

（三）微博关注情况

截至 2014 年 3 月 27 日 14 时，关于第三届核安全峰会的相关发博以媒体的官方微博为主，网民关注度较低，网民的主要发帖内容为转载相关新闻报道。

（四）论坛、博客关注情况

截至 2014 年 3 月 27 日 14 时，论坛、博客中第三届核安全峰会的相关发帖多以转载媒体新闻报道为主。

三、网民观点分析

涉及核安全问题的网民发帖及评论较少，现摘录如下：

1. 赞成中国的核安全观

网民“George 博士”：理性、协调、并进的核安全观。

网民“神雕独侠”：中国的核安全观好。

2. 担心日本核威胁

网民“小张师傅 2013”：日本核威胁的存在，使得周边必须有预防对策！

网民“金景阳”：日本还是先保证核安全吧。

3. 担心恐怖主义核威胁

网民“谈东民”：核安全峰会是旨在倡导核安全和打击防范核恐怖主义的全球性峰会。数据显示，世界现存大量可用于制造核武器的核材料，这些材料足以制造出超过十万枚核炸弹。这些物资一旦落入恐怖主义分子之手，可能造成灾难性的后果。全球核安全峰会正是为应对这一威胁而召开的。

4. 应该正确利用核能

网民“丰功 _ 宇宙动力”：核能是一种宇宙能源，务必正确使用，安全使用。

5. 其他

网民“大古”：“国际核安全体系”是否对核大国有遏制作用？世界不仅要关注和平使用核能源，更应密切关注核武器和核战争威胁的阴影！

田湾核电高公岛村民聚集事件专题

一、舆情起因及概况

田湾核电站因用炸药开山，导致连云港市高公岛乡村民房屋出现震塌或震裂现象，核电站作为补偿发放了“房震费”。

2014 年 7 月 1 日，高公岛乡村民因“房震费”发放问题，对田湾核电站大门进行围堵。

2014 年 7 月 5 日，题为《田湾核电站　高公岛民声视频　第一集修订版》的视频出现在优酷网上，该视频记录了 7 月 1 日—5 日高公岛乡村民围堵田湾核电站大门的情况。

二、舆情资讯

以“田湾 高公岛”为关键词进行检索，百度新闻中检索到优酷视频“田湾核电站 高公岛民声视频 第一集修订版”和“田湾核电站 高公岛民声视频 第一集”两篇报道；新浪微博 4 条。

新浪微博相关内容摘录如下：

7 月 1 日，新浪微博网民“用户 5200527976”在艺人范冰冰（粉丝量约 1 129 万）的新浪微博中发表评论称“好心的范冰冰请您帮忙转发一下吧。高公岛乡全体老百姓都会感谢您”。范冰冰并未对该评论进行回复。

7 月 3 日，新浪微博网民“用户 5115371516”发博称：“特大消息，在连云区高公岛乡，由于田湾核电站经常开山放炮给高公岛乡民们的房屋多少有影响，发房震费给乡政府，最后乡里决定只给每户人家 10 元一平补助，剩下的都落入自己口袋，乡民表示不满，要求乡里公开这事，可是乡里一直不愿公开，都说现在反腐败，来调查一下吧。”截至 7 月 9 日，该微博已被转发 8 次，评论 1 条。该微博也被凤凰网论坛网民进行了转载。

论坛、博客相关内容摘录如下：

7 月 6 日，人民网地方领导留言板中出现匿名网友留言称："田湾核电站赔偿老百姓房震费已交至乡里，乡里始终不予以发放，最后同意发放才每平方十几块钱，而相邻的宿城乡一百每平方。老百姓现在天天都聚集在核电站门口闹事，耽误核电生产，都已经一个星期了，乡里区里都来人了，始终没有解决（老百姓要求乡里把核电赔偿真实金额公示给当地百姓，乡里始终不予理睬，说'凭什么给你们看'）。"截至 7 月 10 日 14：00，暂未出现相关回复。

7 月 8 日，天涯社区网民"twhdz2014"发表题为"连云港田湾核电站 高公岛民声视频"的新帖并附上视频链接。截至 7 月 9 日 14：00，该帖没有任何评论。

第七节 防城港市申请解除白龙核电站项目合作舆情事件

一、舆情起因及概况

广西壮族自治区主席马飚在 12 月 25 日至 26 日的广西经济工作会议上表示，为纾解电荒，将全力加大能源建设力度，在加快推进防城港红沙核电站一期项目的同时，积极做好防城港白龙核电和平南核电等相关重大项目的前期工作。此后白龙核电其实一直是广西壮族自治区极力推进的重大项目。

2014 年 5 月，广西白龙核电项目所在的防城港市人大通过一份决议，决议标题为《防城港市人民代表大会常务委员会关于江山半岛旅游度假区旅游资源开发与保护的决议》，内容包括"市人民政府要顺应民意，顺势而为，请求上级解除白龙核电站项目合作框架协议，争取自治区人大对江山半岛旅游资源开发与保护进行立法，依法推进江山半岛资源保护与开发建设"。

2014 年 4 月 24 日，网民"凌厉西林"在红豆社区发表题为《请不要建白龙核电，你担当不起》的帖子称，众所周知，核电周边 5 公里为限制发展区域，如果白龙核电开建，那江山半岛这一自治区级旅游度假区（风景名胜区）将毁于一旦！核电与旅游不可能相容，根据《核动力厂环境辐射防护规定》，“核动力厂厂址选择的过程中必须考虑与厂址所在区域的城市或工业发展规划、土地利用规划、水域环境功能区划之间的相容性，尤其应避开饮用水水源保护区、自然保护区、风景名胜区等环境敏感区……”并列举了若干理由否定白龙核电的选址。

2014 年 7 月 2 日防城港都市网在其论坛发表了题为《绝对重磅！防城港市人大通过决议：请求解除白龙核电项目合作协议》的帖子称，防城港市第五届人民代表大会常务委员会第十八次会议通过了《防城港市人大常委会关于江山半岛旅游度假区旅游资源开发与保护的决议》，请求上级解除白龙核电站项目合作框架协议，争取自治区人大对江山半岛旅游资源开发与保护进行立法，依法推进江山半岛资源保护与开发建设。

2014 年 9 月 26 日，网民“iop890890”发表题为《把白龙核电那块地解放出来，让核电贼子死心》的帖子称，强烈要求市政府重新规划白龙核电那块地，不能让他闲着。并转发了网民“凌厉西林”发表过的相关内容，试图再次引起网民的关注。

二、舆情资讯

此次舆情事件未在百度新闻、新浪微博中检索到相关内容，检索到论坛发帖 4 条，浏览量达到 2 万余次，回复数为 1218 次。

三、网民观点分析

由于所有发帖均在地方论坛，所以回帖的网民大多为当地居民，能够真实地反映当地居民对白龙核电项目的态度。部分网民观点摘录如下：

1. 坚决反对白龙核电项目

网民“海鲜大排档”：坚决反对。

网民“好男人潮哥”：核电没出事是清洁能源，但只要出事故我们防城港就成为死城，谁能保证百分百安全，还有 60 ～ 80 年后关闭核电站，这些土地该怎么办！楼主说的都是理。坚决反对白龙核电站。

网民“防城港日爆”：核电害市害民，到时候谈核色变，谁还会来防城港，那时防城港是真正的鬼城。反对。

网民"石三龙"：再过一百年可能核电技术才能过关，不要拿防城港做实验。

2. 支持白龙核电项目建设

网民"心境如烟"：不管如何，白龙核电上马是必然的。谁也无法阻挡！发展核电，利国利民！

网民"hzpsx2002"：支持的，都是本地人。

网民"闪龙"：领导还是有此前瞻的，现在才流行多核，防城港已做了。

网民"cherry102"：发展核电，造服人类。

3. 认为发展核电将会影响防城港的发展

网民"说笑人生"：搞一个红沙都影响人气了，很多人本想来买房子发展的都不敢来了，再搞白龙的，更影响防城港的发展了。

网民"蝼蚁人生 88"：顾此失彼，核电的上马，对将来的旅游、卖房都会有影响。太可怕了，万一泄露查出有辐射了，都不知道是哪一个，该往哪个方向逃。海鲜还有人敢吃吗？

4. 认为政府官员以权谋私

网民"tztn2012"：如果防城港再上白龙核电，说明现在的政府官员不为防城港前途着想，只是为了升官和官商利益，这样的官员可以回家种红薯了！！

网民"骑着导弹去赚钱"：开弓没有回头箭，不顾民生乱上马核电项目，坚决反对白龙建核电！

从网民的观点分布来看，大部分网民反对白龙核电项目的建设，只有少数网民对该项目表示支持。

第四章 2014年度涉核新闻汇编

第一节 涉核政策、指令和项目新闻

（一）能源局：适时启动核电重点项目审批[1]

在近日下发的《2014 年能源工作指导意见》文件中，国家能源局提出，2014 年新增核电装机 864 万千瓦，适时启动核电重点项目审批，稳步推进沿海地区核电建设，做好内陆核电厂址保护。

（二）国家能源局公布《2014 年能源工作指导意见》[2]

1 月 24 日，国家能源局公布 2014 年能源工作指导意见。意见称，国家能源局提出四大主要目标：提高能源效率；优化能源结构；增强能源生产能力；控制能源消费。

意见提出，2014 年能源工作的重点任务包括十大方面：①转变能源消费方式，控制能源消费过快增长；②认真落实大气污染防治措施，促进能源结构优化；③大力发展清洁能源，促进能源绿色发展；④加快石油天然气发展，提高安全保障能力；⑤优化布局，推进煤炭煤电大基地和大通道建设；⑥以重大项目为载体，大力推进能源科技创新；⑦深化能源国际合作，拓展我国能源发展空间；⑧加快能源民生工程建设，提高能源普遍服务水平；⑨推进体制机制改革，强化能源市场监管；⑩加强能源行业管理，转职能改作风抓大事解难题办实事建机制。

具体来看，降低煤炭消费比重，有序实施"煤改气"；出台成品油质量升级行动计划（2014—2017），制订天然气中长期供应计划，增加常规天然气生产供应，加快开发煤层气、页岩气等非常规天然气，推进煤制气产业科学有序发展，完善天然气利用政策；积极开发水电，有序发展风电，加快发展太阳能发电，积极推进生物质能和地热能开发利用，安全高效发展核电；着力突破页岩气等非常规油气和海洋油气资源开发，稳妥推进煤制油气产业示范；按照"安全、绿色、集约、高效"的原则，重点

---

1 2014 年 1 月 26 日摘自和讯网。

2 2014 年 1 月 27 日 摘自中国电力网。

建设 14 个大型煤炭基地、9 个大型煤电基地、12 条“西电东送”输电通道，优化能源发展空间布局，提高能源资源配置效率；进一步深化电力改革，稳步推进石油天然气改革，加快煤炭改革等均成为 2014 年能源工作的重要内容。

（三）环保部：全国放射源事件发生率降至每万枚 1 起以下[1]

全国“两会”新闻中心举行记者会，国家环保部副部长吴晓青等就环保问题回答中外记者提问。环保部向与会记者提供的一份书面材料表明，全国放射源事件发生率降至每万枚 1 起以下。

（四）《中国核安全监管体制改革建议》报告发布协会呼吁加强核安全监管[2]

日本福岛核事故三周年之际，国际环保组织自然资源保护协会（NRDC）在京发布《中国核安全监管体制改革建议》报告，呼吁中国改革现有核安全监管体制，加强核安全监管能力，建设安全文化，并提出了相应的政策改革建议。

为了保障中国核安全，该报告建议，应加强国家核安全监管机构的独立性和权威性，应建立独立于其他部委之外，直属国务院的国家核安全监管机构；应理顺政府核安全的管理职能和建立有效的权力制衡机制；应尽快制定原子能法与核安全法，赋予核安全监管应有的法律地位和效力，还应在核安全法中建立核安全信息公开、公众参与与核损害赔偿机制；应同步加强核安全监管机构和运营商的核安全文化建设，并定期组织审查、评估和进行改进；为保证应急预案的可实施性，核安全监管机构应参与每一层核应急预案的制定，并对核应急提供技术支持。

（五）李干杰出席第七次中巴核安全合作指导委员会会议，中巴续签双边核安全合作议定书[3]

5 月 27 日北京报道第七次中巴核安全合作指导委员会会议今日在京召开，环境保护部副部长、国家核安全局局长李干杰出席会议并与巴基斯坦核管局主席安

---

1 2014 年 3 月 10 日摘自凤凰网。

2 2014 年 3 月 10 日摘自中国证券网。

3 2014 年 5 月 28 日 摘自新华网。

瓦尔•哈比布进行了亲切友好的会谈，双方签署了第七次中巴核安全合作指导委员会会议纪要。

李干杰表示，中方一贯重视核安全以及核安全监管工作，坚持“安全第一，质量第一”的原则，在日本福岛核事故后，进一步增加了安全改进措施。一是在开展核安全大检查的基础上，制定和实施了对运行核电厂和在建核电厂的改进行动计划；二是着力推进每一项安全改进措施的标准化、规范化；三是持续深入开展福岛核事故经验教训研究，不断扩展和完善安全改进行动内容。

安瓦尔•哈比布感谢中方对两国核安全合作的重视，并对中方长期以来的支持和帮助表示诚挚的谢意。他高度赞赏中国在国际核安全监管合作中保持的积极、开放的态度，希望双方能开展更为密切的合作和交流，共同为全球的核电安全发展做出积极贡献。

环境保护部（国家核安全局）有关部门及派出机构、直属单位的负责同志参加会议并共同见证了双边核安全合作议定书的续签。

（六）李干杰出席中俄核安全监管工作会议[1]

中俄核安全监管工作会议 6 月 18—19 日在北京召开，环境保护部副部长兼国家核安全局局长李干杰出席会议并讲话。

李干杰说，中国始终坚持“安全第一、质量第一”的根本方针，在核电建设和运营管理工作中坚持依法依规，严格监管。日本福岛核事故后，国家核安全局充分借鉴国际研究成果和经验，制定和发布了《福岛核事故后核电厂改进行动通用技术要求》。截至目前，中国已有商业运行核电机组 19 台，在建机组 29 台，所有运行机组业绩良好，在建机组质量受控。

李干杰提出，在中俄全面战略协作伙伴关系框架下，两国在能源、环保等领域的合作日益深入，核与辐射安全监管领域的合作也正面临新的发展机遇。随着两国和平利用核能事业的不断发展，两国核安全监管机构、职责、人员等方面也发生了较大变化，双方有必要签署新的合作协议，以推动双方进一步加强和深化合作与交流。

李干杰强调，中国环境保护部（国家核安全局）愿意与俄罗斯联邦环境、工业和核安全监督局相互学习、相互借鉴，共同为保证全球核安全做出积极贡献。

1　2014 年 6 月 20 日摘自凤凰网。

（七）中国核学会成功申办 2016 年国际青年核能大会[1]

2014 年 7 月 9 日，中国核学会副理事长雷增光，副秘书长申立新等赴西班牙布尔戈斯（Burgos）参加了 2014 年国际青年核能大会。会上，中国核学会青年委员会（筹）主席宋代勇代表中国对申办 2016 年国际青年核能大会进行了精彩的答辩，并以绝对的优势击败俄罗斯、印度、阿根廷三个竞申国家，成功赢得 2016 年国际青年核能大会的承办权。

国际青年核能大会成立于 1998 年，旨在宣传核能优势、促进和平利用核技术、向下一代青年核科技人员传授当代权威核专家知识与经验。大会成立至今，已在斯洛伐克布拉迪斯拉发、韩国大田、加拿大多伦多、瑞典斯德哥尔摩、瑞士因特拉肯、南非开普敦、美国夏洛特举办，得到了多个国际组织、国家级核学会、核能公司、国际青年组织、核能学术刊物等的大力支持。

（八）核与辐射安全监管 2014 年度年中工作会议召开[2]

环境保护部（国家核安全局）今日在京召开核与辐射安全监管 2014 年上半年工作总结会。环境保护部副部长、国家核安全局局长李干杰出席会议并指出，深入学习习近平总书记系列重要讲话精神，准确把握核安全观和总体国家安全战略的内涵，是全系统学习工作的当务之急，也是业务工作的重要内容。

李干杰说，要站在国家安全战略的高度深入认识核安全；要聚焦中国核安全观的理念准确把握核安全；要瞄准“两个现代化”的目标努力建设核安全；要实施“三严要求”的手段有力保障核安全。

李干杰要求，今年要组织一次大规模的核与辐射安全法规宣贯推进活动，做到两个“覆盖”，实现两个“杜绝”，进一步增强全行业知法、守法、用法意识。

李干杰强调，要认真学习贯彻环境保护“四梁八柱”的要求，做好核与辐射安全工作。只有夯实机构队伍、技术能力、法规制度和精神文化“四块基石”，构筑核安全监管大厦的“八项支撑”，监管大厦才能屹立不倒，才能坚不可摧。全系统要以高度的事业心和责任感来做好核与辐射安全工作，要坚持绝对忠诚的政治品格，增强使命感；要坚持高度自觉的大局意识，提高领导力；要坚持极端负责的工作作风，提升执行力；要坚持无怨无悔的奉献精神，弘扬主旋律；要坚持廉洁自律的道德操守，

1 2014 年 7 月 15 日摘自中核网。

2 2014 年 7 月 26 日摘自中国环境报。

激发正能量。

环境保护部核安全总工程师刘华出席会议。核与辐射安全监管一、二、三司以及国际司，各个派出机构和技术支持单位分别对2014年上半年的工作进行了总结，并对2014年下半年的工作进行了展望和部署。

（九）核损害赔偿体系建设与核保险发展研讨会在京召开[1]

9月1日，中国核保险共同体在北京举办“我国核损害赔偿体系建设与核保险发展”研讨会，来自中国保监会、全国人大环资委、财政部、国务院法制办、国家核安全局、国家能源局、国防科工局、中央汇金公司、中国核能行业协会、中国保险行业协会、中国保险学会、中核集团、中广核集团、中电投集团、华能山东石岛湾核电公司以及中国核共体25个成员公司的130多名代表出席了会议。

研讨会以贯彻落实习近平主席在海牙核安全峰会上阐述的中国核安全观和《国务院关于加快发展现代保险服务业的若干意见》（保险业“新国十条”）为主线，回顾了中国核保险十五年的发展历程和取得的成绩，并就我国核损害赔偿体系建设、核责任立法建设、充分发挥核共体巨灾保险功能等主题进行了深入研讨。

（十）四代核电技术交流会在京举行[2]

9月17日从中国核工业集团公司获悉，中国核电工程有限公司与法国辐射防护与核安全研究院日前在北京举办了四代核电技术交流会。会议期间，双方分别介绍了四代核电在国内的进展情况，并针对中国实验快堆、法国60万千瓦钠冷快堆、石岛湾高温堆等项目的审评、设计和调试进行了交流，共同探讨了面临的技术难点及未来发展的方向。

据悉，法国辐射防护与核安全研究院（IRSN）是法国核安全审评单位，为法国核安全局提供技术支持，工程公司安审中心与IRSN的合作开始于2000年，多年来主要针对快堆等研究堆进行技术交流。

法国在四代核电技术的发展上积累了丰富的经验，通过与法国IRSN的交流合作，工程公司更深入地了解了法国60万千瓦钠冷快堆以及其他四代核电技术的

1 2014年9月1日摘自新浪财经。

2 2014年9月18日摘自中国政府网。

设计和发展规划，为后续相关项目的合作奠定了基础。

（十一）李克强向国际原子能大会致贺信：共推和平利用核能事业[1]

今年是中国加入国际原子能机构30周年。中国国务院总理李克强22日向当天在维也纳开幕的第58届国际原子能大会发来贺信，表示中国愿同国际原子能机构及其他成员国一道，拓展合作范围，提升合作水平，携手应对挑战，共同推进人类和平利用核能事业。

第58届国际原子能大会22日上午在维也纳联合国中心开幕。中国代表团团长、中国国家原子能机构主任许达哲在发言时，首先宣读了李克强总理的贺信。李克强在贺信中说，当前，中国政府正在着力推进绿色、循环、低碳发展，建设美丽中国。中国坚持推进能源节约、控制能源消费总量、优化能源结构、提高清洁能源比重，在确保安全的基础上高效发展核电。中国愿同国际原子能机构及其他成员国一道，拓展合作范围，提升合作水平，携手应对挑战，共同推进人类和平利用核能事业。

（十二）国家核电邀请国家核安全局进行核安全文化宣贯推进授课[2]

2014年9月24日，在全国"质量月"期间，国家核安全局核一司副司长谭民强和核设备处副处长顾剑峰应邀参加国家核电技术公司2014年质量现场会，并做了题为"反思质量事件，宣贯核安全文化"的专题授课。

本次国家核安全局应邀赴国家核电授课是专项行动的第一站，国家核电总经理顾军、副总经理孙汉虹、总部安全质量部、工程部、设备部和所属上海核工程研究设计院、山东电力工程咨询院有限公司、国核电力规划研究设计院、国核工程有限公司、山东核电设备制造有限公司、国核电站运行服务技术公司、国核自仪系统工程有限公司、国核示范电站有限责任公司、国核（北京）科学技术研究院等单位的主要领导和相关负责人参加了宣贯学习活动。

（十三）核电站三废系统关键设备国产化研制成功[3]

日前，国家能源核电站核级设备研发中心联合有关单位研制的核电站三废系

1　2014年9月23日摘自国际在线。

2　2014年9月29日摘自中国电力网。

3　2014年1月02日摘自和讯网。

统关键设备蒸发器、脱气塔顺利通过了国家能源局委托中国机械工业联合会组织的项目验收及样机鉴定。专家组一致认定:"样机的主要技术性能达到了国内外同类产品先进水平,可在核电三废处理系统中推广应用"。

蒸发器和脱气塔是核电站废液处理系统和硼回收系统两大涉及放射性液体处理的核心系统中的关键设备。长期以来,国内核电站这两项设备的供货一直被国外企业垄断。为了实现设备知识产权自主化以及制造国产化,中国广核集团于2011年委托下属成员公司—中科华核电技术研究院(研发中心依托单位)开展研发工作。

(十四)深圳巨灾保险方案纳入核应急救助内地尚属首次[1]

深圳将"核应急救助"纳入巨灾保险(和讯放心保)方案,这在内地尚属首次。核应急救助主要承担由自然灾害引发的核事故中,政府隐蔽、撤离、转移居民所发生的费用。

(十五)中国核电重大专项CAP1400初步设计通过审查[2]

国家能源局22日宣布,核电重大专项CAP1400初步设计内容完整,设计方案先进、可行,总体上可靠,同意通过审查。目前,相关支撑性试验和关键设备研制已全面展开。能源局称,CAP1400是在消化吸收AP1000技术基础上,通过自主研发和再创新,形成的我国自主品牌三代核电技术,是核电重大专项的目标性、标志性工程,对实现我国核电高起点、跨越式发展具有重要意义。

国家能源局表示,下一步将继续组织实施好CAP1400重大专项,在初步设计基础上,持续完善优化设计,尽快完成重大试验验证,抓紧完成关键设备样机的研制,用系统性思维、工程化方式,强化组织管理,尽快实现我国核电技术引进、消化、再创新工作。

(十六)国家能源核电站核级设备研发中心核级静密封实验室落户太仓[3]

日前,国家能源核电站核级设备研发中心核级静密封实验室正式落户苏州宝骅机械技术有限公司。该实验室主要从事核电站领域的核心关键密封技术研发,

---

1 2014年1月15日摘自21世纪经济报道。

2 2014年1月22日 摘自大智慧阿思达克通讯社。

3 2013年1月22日 摘自每日科技网。

推动了我国核电站装配及配件国产化的进程。

（十七）核安全局：中国核安全规划落实取得阶段性成果[1]

福岛核事故发生三周年之际，国家核安全局相关负责人就我国核电厂安全改进等情况接受记者采访。这位负责人表示，我国出台“核安全规划”以来，各相关部门、各核电企业按照职责分工积极推进规划落实，取得阶段性成果。这位负责人介绍，在提高运行和在建核电厂安全水平方面，运行和在建核电厂落实福岛核事故后改进行动，相关部门加强对运行和在建核电厂的监管，通过更严格的技术审评和监督检查，确保运行安全和建造质量。在提高新建核电厂安全水平方面，对我国新建核电厂的设计基准地震、堆芯的热工裕量、系统设备和分级等都提出了更高的安全标准，针对“‘十三五’及以后新建核电机组力争实现从设计上实际消除大量放射性物质释放的可能性”的目标，相关部门正在加紧研究具体的技术措施。核安全法规建设方面，福岛核事故后，相关部门修订了我国核安全法规标准体系表，并按照这个体系表开展法规标准的补充、完善和修订工作，取得了一系列成果。在提高核安全监管能力方面，国家核与辐射安全监管技术研发基地建设工作取得进展，引进、开发了一系列核安全分析评价程序，进一步完善了核电厂审评和监督检查技术文件，完成了核电厂经验反馈体系的基础建设。他表示，福岛核事故发生至今已满三年，三年来，我国和世界其他国家一样，为防止发生类似事故而进行的核安全改进始终没有停止。福岛核事故发生后，我国开展了全国民用核设施综合安全检查。国家核安全局会同国家能源局、中国地震局组织了300多名专家学者对全国所有核电厂进行了综合安全检查和安全裕量评估，全面深入地检查和评价了我国核电厂安全状况。检查结果表明，我国核电厂的安全是有保障的，但也发现在应对类似福岛核事故这样的极端自然事件方面仍然存在一些薄弱环节，并制定了改进和提升行动要求。这位负责人介绍，根据综合检查结果，结合对福岛核事故教训的研究成果，我国对运行核电厂提出了10项安全改进要求，对建造核电厂提出了14项改进要求。各核电厂积极落实了这些改进要求，各项改进行动均按要求的时限开展或完成。截止到2013年底，运行核电厂除1项长期研究项目仍在顺利推进外，其他项目均已实施完成；5台首次装料的核电机组均在装料前完成了全部需要实施的改进行动，其他项目也在按计划推进。2013年9月，国家核安全局对运行

1　2014年3月17日摘自新华网。

核电厂福岛核事故后改进落实情况进行了一次全面检查。检查结果表明，完成的改进项都满足《福岛核事故后核电厂改进行动通用技术要求》。

（十八）中国微型反应堆高浓燃料低浓化改造贡献突出[1]

中国核工业集团董事长孙勤25日在海牙表示，就在本届核安全峰会前不久，中核集团中国原子能科学研究院在微堆临界装置上开展的低浓铀净堆临界实验成功达到临界，标志着微堆低浓化工作进入全面实施阶段，对全球核安全进程贡献突出。

（十九）日本新能源计划有望重启核能[2]

日本新的能源中长期发展方向计划草案显示，安倍政府仍然重视核电，同时发展可再生能源的意愿减弱。由此，预计包括太阳能发电在内的日本可再生能源热潮将降温。

（二十）韩国欲降低目标减少核能依赖[3]

作为亚洲第四大经济体，韩国正面临因核安全证书丑闻造成的"限核"压力。韩国能源部长日前表示，国家能源政策已决定减少对核能的依赖，其在国家能源构成中的比例将从2030年的41%减少至2035年的29%。

（二十一）英法核电合作：宣布将发展安全核能共建新的核电站[4]

英国首相卡梅伦和法国总统奥朗德31日在英国牛津郡诺顿空军基地举行2014年英法峰会，双方宣布将在军事、核能、气候变化、空间技术等领域进一步深化两国合作。双方将共同致力于发展安全核能，共建新的核电站，合作应对气候变化，督促欧盟委员会制定碳减排方案。

（二十二）法国发布核事故应急响应计划，吸取日本福岛教训[5]

在日本福岛核事故之后，法国政府已经发布了一项应对核事故或辐射应急响

1 2014年3月27日，摘自北极星电力网新闻中心。

2 2013年1月13日摘自财新网。

3 2013年1月20日 摘自人民网。

4 2013年2月11日 摘自北极星电力网。

5 2013年2月13日 摘自中国新闻网。

应的国家计划。该计划由法国国防与国家安全部开发，还包括核安全局（ASN）与国防核安全局（ASND）、辐射防护与核安全研究所、政府专家以及三家核运营机构：EDF、CEA 和 AREVA。

根据发布的报告，法国基于运营商在保障设施安全方面的工作，在防止核事故方面拥有 30 年的经验，ASN 负责监管运营商，法国政府负责保障事故中的人员安全。目前，法国已经在工厂、场址以及区域（达到 10km）部署了应急计划。

这项国家计划的实施旨在加强对类似于福岛核事故这样的低频率极端核事故的防御；加强法国以外核应急事件中对法国居民的安全防护；加强对严重燃料运输事故的响应能力，包括海运。

（二十三）我国核科普教育对策分析[1]

根据中国科协近期公布的一个调查结果显示，全国公众中具备基本科学素质的仅占 2.25%。这说明，相当一部分中国公众对基本科学素养是缺乏的。而对于日本福岛核事故后，如何进行更加深入人心的核科普工作，已成为关系到核能发电前景和命运的业界课题，针对核科普专家稀缺、高水平核科普作品比较匮乏、核科普人才缺乏、核科普组织不够健全、国民素质不够高、核科普观念相对落后、教育及传媒体系不完善、核科普难以走向大众化、财政投入不足、核科普工作得不到有效的保障等问题，笔者认为，应积极采取对策，助推核能事业的发展。

1. 加强核科普人才队伍建设，不断提升核科普工作的质量和水平

首先，应积极倡导广大核科学课程教师、核科技工作者和核科普理论研究者投身于我国核科普事业，同时，组织核科普方面的老专家和教授充分发挥自己的专业技术特长，积极参与核科学教育传播工作，让更多最新科学技术成果惠及人民群众。

其二，加强核科普青年志愿者队伍建设，通过大学生暑期三下乡实践活动，组成一支能够在基层，特别是深入偏远农村和西部地区开展核科普宣传活动的志愿者队伍，同时，不断发展壮大城市社区和乡村核科普志愿者队伍，培养核科普宣传员。

其三，各级政府需要制定核科普工作的实施方案，把核科普工作纳入政绩考核，积极组织各部门广泛深入地开展核科普活动，要求相关部门制定核科普工作的实施计划、组织考核、人员安排、活动监控、归档管理等一系列具体工作，从组织上

1 2014 年 2 月 10 日摘自北极星电力网。

保证核科普工作的开展。

2. 加强核科普示范基地建设，促进核科普基地合理布局

推进核科普科学馆、示范基地的建设。根据提高我国公众核科学素质的实情，联系经济社会发展的实际，在科学论证的基础上，制定《核科普基础设施发展规划》和《核科学技术馆、示范基地建设标准》，明确核科普设施的发展目标，加强对各类核科普基础设施建设的指导和监督。

加强对现有的核科学场馆、示范基地的管理工作。明确场馆的开放、闭馆、服务等具体管理工作，要求工作人员提供热情周到的服务，以提高公众了解核科普知识的兴趣。开展展览内容的主题策划、形式创新活动，把核科普知识贯穿于有趣味的主题展览中。

在城市社区、农村集镇上设立核科学广播站、图书馆、书屋等。加大对基层特别是西部地区以及偏远地区的经济投入，大力建设不同形式的社区活动中心，把核科普工作纳入社区工作的一部分，在广大群众中不断宣传核科普知识，开展核科普知识竞赛、核科普知识征文比赛等工作。

开发建设科普旅游文化场所。通过与核发电厂、旅游公司、新闻媒体的合作，开展“核发电模拟技术”旅游新项目。通过与核发电企业协商，制定开放核发电厂的计划，建立专门供参观的核电模拟项目，邀请旅游公司、新闻媒体参观，引导公众对核能技术的了解，揭开核的神秘面纱，让公众对核能技术进行实地接触，使核科普走进千家万户。

3. 拓宽核科普经费来源渠道，建立以政府投入为主的多元化投入机制

当前我国科普经费主要来源于国家财政投入和社会投入。其中，国家财政投入是指政府部门在社会公益事业建设方面给予的资金支持，它在我国科普建设中具有非常重要的作用。因此，国家应加大对公民科学文化素质建设方面的投入，建立相应的投入机制，才能确保这项事业得到有序发展。这就需要政府部门必须全面贯彻落实《中华人民共和国教育法》、《中华人民共和国科学技术普及法》和《科学素质纲要》等政策法规的有关规章制度，将核科普经费纳入同级政府财政预算，以确保核科普教育顺利开展。

核科普教育工作是一项社会系统工程，是全社会共同的任务，完全依靠政府投入是远远不够的，还需要拓宽核科普经费来源渠道。要积极引导和鼓励社会、企业和个人捐助核科普教育事业。不断鼓励有条件有能力的企业加大对核科普工作的投入，重点在核科普活动、科技创新、核科普阵地、科学示范、资源开发、核科普人才

队伍和核科普设施建设等方面加大经费投入，真正建立以政府投入为主的多元化投入机制，体现核科普事业“人人参与、人人有责”的责任感和使命感，确保我国核科普事业又好又快地发展。

4. 完善核科普机构与社会的沟通机制，打破核电发展的公众认知障碍

一是加大国家核科技计划项目的科普工作。国家科技计划项目要注重核科普资源的挖掘和开发，并将核科技成果及时向广大公众传播与扩散等相关科普活动，作为科技计划项目实施的一个重要任务和目标。同时，对于非涉密的研究及其他公众关注的科技计划项目，承担的研究单位有义务和责任及时向公众公布研究成果的有关知识和信息。

二是建立公众参与政府科技决策的听证制度。对于涉及公共安全和社会伦理等与公众利益密切相关的重大科研项目，要逐步建立听证制度，扩大他们对涉核国家重大科技决策的参与权和知情权。同时，在非涉密核科技规划与政策研究的制定方面，要广泛听取公众的建议和意见，建立畅通的沟通渠道，提高决策透明度。

三是建立健全面向公众的核科技信息宣传机制。在涉核的国家重大工程项目、重大科技专项和计划项目等项目的实施过程中，加大宣传力度，让社会公众及时了解和掌握有关核科技知识；各级有关社会团体、科协组织和科研机构等组织要采取不同方式，建立通畅的科技信息传播渠道，经常性地开展核科普宣传教育工作。

总之，核科普教育是一项社会系统工程，需要全社会的广泛参与。在不断提高核技术应用水平的同时，只有通过定期广泛开展形式多样、易于被公众理解的核科普教育，才能让核电这种高效、清洁、安全的新能源被公众所信任。

（二十四）日本内阁会议通过《能源基本计划》，告别“零核电”[1]

日本安倍政府 11 日在内阁会议通过了新《能源基本计划》。该计划决定了日本中长期能源政策的方向性，将核电站定位为“重要的基本负荷电源”，明确了重启核电站的姿态。这是福岛第一核电站发生事故后，首个有关能源的基本计划，彻底转换了前执政党民主党提出的“零核电”政策。

该计划认为核电站发电成本低，且可以不分昼夜地运转，是稳定的电源，与火力发电同为重要电源。此外，如果核电站被日本原子能规制委员会归为安全一类，则可重启，政府也会站出来向地方自治体寻求理解和协作。计划表示将通过引进

1 2014 年 4 月 14 日摘自国际在线。

可再生能源尽可能减小核电站的发电比率，但也保留了新建核电站的可能性，称将从能源稳定供应和成本方面来判断继续需要确保的规模。

（二十五）我国五大核电集团协议联手核事故应急救援，共筑核安全防御底线[1]

5月5日，我国五大核电集团在深圳大亚湾核电基地共同签署《核电集团间核电厂核事故应急相互救援框架合作协议》，在核事故应急领域形成整体合力，共筑核安全纵深防御底线。中广核集团核事故应急救援队同日挂牌成立。

协议由环保部（国家核安全局）牵头组织，中国核工业集团公司、中国广核集团公司、中国电力投资集团公司、国家核电技术公司、中国华能集团公司共同签署。协议极大便捷了跨核电集团的毗邻核电厂之间，落实具体操作层面的相互救援方案，保证救援的时效性和有效性。

（二十六）俄原子能公司开始在中国大陆建设核电站机组谈判[2]

俄罗斯国有原子能公司总经理谢尔盖•基里延科表示，该公司开始与中国方面就在中国大陆建设核电站机组问题的谈判。

他在圣彼得堡国际经济论坛非正式交流期间对记者说："开始与中国方面谈判。"俄罗斯专家已经在中国建造了田湾核电站的两个机组，2007年已交付工业使用。2010年俄罗斯和中国方面签署建设这个核电站二期工程的总合同，计划2018年将机组投入使用。 与此同时，中国国家核电技术公司专家委员会主任陈肇博昨天表示，中国打算与俄罗斯原子能公司就漂浮核电站建设项目进行合作。

（二十七）能源局发布《核电站电力应急情况监管报告》[3]

为保证核电站安全建设运行，国家能源局于2013年12月至2014年2月对国内部分在运或在建核电站开展了核电站电力应急专项督查。根据督查情况，形成了《核电站电力应急情况监管报告》（以下简称《报告》），并于5月10日正式发布。

《报告》分为基本情况、主要问题和监管意见三个部分。一是介绍了海南省电

1 2014年5月5日摘自人民网。

2 2014年5月22日摘自俄新网。

3 2014年5月25日 摘自中国政府网。

力系统的基本情况。二是对海南省2014年电力供应和2015年昌江核电投运后存在的主要问题进行了总结。三是针对上述问题，提出了进一步优化海南电网运行方式、加强海南联网线路运行维护、做好琼中抽水蓄能电站和海南第二回联网线路的建设工作、组织开展核电机组降出力至75%FP以及紧急情况下安全停机等相关问题的论证和试验、加强电力应急管理等监管意见。

（二十八）广核与意大利国有核电签署合作备忘录[1]

6月11日，中国广核集团有限公司总经理张善明与意大利国有核电管理公司（SOGIN）首席执行官Riccardo Casale在北京签署了合作备忘录。

"通过签署合作备忘录，中广核和SOGIN将利用各自的技术能力和优势，在核能领域特别是核设施退役和放射性废物管理方面，推动落实具体的项目合作。"据中广核介绍，作为核设施退役和放射性管理领域双边合作的首个具体成果，该合作备忘录确认了中广核和SOGIN开展一系列具体合作项目的意愿，以及双方基于各自技术能力及实际情况，探讨未来进一步合作的可能性。

（二十九）李克强访英将规划中英发展新方向，推动核电等合作[2]

据外交部网站消息，6月12日，外交部就李克强总理赴英国举行中英总理年度会晤并访问英国、希腊举行中外媒体吹风会。

据外交部副部长王超介绍，访英期间，李克强总理将会见伊丽莎白二世女王，同卡梅伦首相举行会谈，出席中英工商界欢迎晚宴，并面向英国智库发表重要演讲。此访将进一步增进双边政治互信，规划中英合作的发展方向，为中英关系增加新活力、新特色和新内涵。双方将推动深化中英务实合作，推动双方在核电、高铁、金融、高科技等领域合作迈出新步伐，发掘新潜力。双方将就促进两国文化互鉴、媒体合作、教育交流、人员往来等提出新措施，以巩固两国关系的社会基础。

（三十）欧盟重订核电站安全标准改造金额上百亿欧元[3]

欧盟11日宣布，为了记取日本福岛核灾的教训，已经同意一项新法规，将加强

1　2014年6月12日摘自和讯。

2　2014年6月12日摘自中国网。

3　2014年6月15日摘自新华网日本频道。

核电厂安全标准和监督核能设施。

2011 年 3 月，一场大地震和海啸酿成全世界 25 年来最大核灾，辐射遍布福岛地区，迫使 160 000 居民离开家园。

欧盟执委会发现，改善欧洲核电厂安全所需金额高达 100 亿至 250 亿欧元。欧洲今日共有 132 处核电厂正在运作。

欧盟因此执行了一连串的压力测试，以检验欧洲核电厂的韧性，并将结果根据最新国际标准，汇集整理成应变计划。“我们需全力确保欧盟每一座核电厂均遵循最高安全标准。”执委会能源委员 Guenther Oettinger 在一份声明中表示。

新规范规定，新核电厂在设计上必须做到反应炉的损坏不可影响到厂外，以避免辐射外泄。首次设明确核安目标 公民须参与新核电厂发照决策国主管机关则必须提出核能意外发生时，如何和民众沟通的策略提案，而且公民必须能参与新核电厂执照发给的决策过程。

新协议也提出了欧洲各国互相审查的系统，至少每 6 年必须要执行一次。

新规范也加强了主管机关的独立性和权力。欧盟执委会表示，这是首次设立清楚的核能安全目标，以减少安全风险。

去年 9 月，欧盟执行机构与国际原子能机构（IAEA）签署了一项合作备忘录，以加强紧急应变能力。新协议仍需要欧盟政府领袖的正式核准方能生效成为法规。

（三十一）李克强 16 日出访英国，将推核电高铁金融等领域合作[1]

12 日，外交部副部长王超介绍称，李克强总理将于 16 日开始访问英国和希腊。这是三年以来中国政府总理首次访问英国，同时也是新一届政府总理首次访英。

王超介绍称，此访将推动中英在核电、高铁、金融、高科技等领域的合作。中国和希腊将发表联合声明，签署一系列涉及基础设施建设、文化、海洋、质检等领域的政府间协定和商业合同。

商务部副部长高燕介绍称，李克强访问期间，中英双方将签署一系列协议，涉及金额巨大。中国和希腊双方将在物流、能源、船舶、地产、进口葡萄酒和橄榄油等多个领域签署合作协议。中方支持有实力的中国企业参与希腊私有化项目。

1 2014 年 6 月 17 日摘自新京报。

（三十二）英国工程巨头与国家核电将开展合作[1]

据新浪财经17日晚间消息，英国工程巨头罗尔斯罗伊斯集团与中国国家核电技术公司（以下简称国家核电）周二签署了一项谅解备忘录，双方将在英国及其他市场进行民用核电项目上的合作。罗尔斯罗伊斯表示，两公司将寻求在工程支持、零部件供应和供应链管理等领域进行合作。罗尔斯罗伊斯核能业务总裁杰森-史密斯（Jason Smith）表示："中国是世界最大民用核市场之一，罗尔斯罗伊斯过去20年一直在这一市场供应安全关键技术和解决方案。"该公司目前为中国超过70%的运行中和在建核反应堆提供服务。

（三十三）法国新能源政策将限制核能[2]

法国能源部长罗雅尔宣布了期待已久的能源政策草案，法国目前核电发电容量将成为上限。

法国总统奥朗德2012年竞选时承诺，到2025年将法国核电份额限制在50%以下，并在2016年底关闭最老的费森海姆核电站。现在政府宣布，该国核电发电容量上限为目前的63.2GWe，到2025年核电份额将限制在50%。该国目前核电份额约占75%，因而关闭核反应堆是无可避免的。

虽然不要求关闭任何目前运行的反应堆，但新政策意味着法国电力公司（EDF）将不得不关闭旧反应堆，以便让新反应堆并网发电。该公司目前正在芒维尔建造一个EPR机组，预计在2016年底完成。

罗雅尔称，能源政策草案还加强核安全，赋予法国核安全监管机构（ASN）更高的权力来处罚核安全漏洞或延迟执行要求的安全措施。

（三十四）中核四〇四首个放射性可燃废物库建成[3]

近日，中核四〇四有限公司首个放射性可燃废物库建成，至此四〇四所有可燃性废物有了符合规定、标准要求的废物暂存库，进一步加强了该公司放射性可燃固体废物的规范化、标准化管理。

据了解，此前，四〇四的放射性废物由各分公司存储管理，没有符合法规、标准

1　2014年6月17日摘自中证网。

2　2014年6月23日摘自国防科技信息网。

3　2014年7月2日摘自中核四〇四有限公司。

要求的废物暂存库。随着国家核环保要求的不断提高，四〇四决定统一对放射性可燃废物进行集中存储管理。

为尽快建成放射性可燃废物暂存库，四〇四对旧车库进行改造，将车库进行集中清理，对室内所有墙面进行重新粉刷，对排水、暖气、电气等设备进行改造、恢复，完成了硬件设施改造，并于6月中旬完成了规章制度编写、标识牌制作及悬挂等软件设施改造。

（三十五）欧盟通过新的核安全指令[1]

欧盟理事会7月8日通过了新的核安全指令。新指令是对2009年指令的改进。在以下方面进行了加强和深化：①加强了成员国监管机构的权力和独立性；②引入了高水平的欧盟安全标准，防止事故，避免核泄漏；③设立了欧盟审查管理系统，成员国监管机构每六年进行一次评估，首次评估将在2017年进行；④增加透明度，保证公众可以获得有关信息；⑤在核设施建立之前进行首次安全评估，之后定期进行安全评估，至少每十年重新评估核设施安全性；⑥加强成员国紧急预警和反应系统一致性。

（三十六）国家能源局批准数十项核电行业标准[2]

国家能源局网站17日发布消息，该局批准了《核电厂核岛机械设备材料理化检验方法》等164项行业标准。其中，核电相关行业标准占到约一半。

国家能源局表示，这是按照《国家能源局关于印发〈能源领域行业标准化管理办法（试行）〉及实施细则的通知》的规定所批准的行业标准，其中能源标准158项、电力标准6项。164项行业标准涉及核电、水电、火电、风电、太阳能、生物质能、煤层气等多个领域。

分析认为，核电相关标准的发布，将为核电行业发展奠定基础。今年年初的全国能源工作会议曾提出，安全高效发展核电，适时启动核电重点项目建设。

（三十七）陆丰核电厂环评被受理[3]

投资巨大的陆丰核电项目建设进展一直备受关注。昨日，广东陆丰核电一期

---

1 2014年7月10日摘自商务部网站。

2 2014年7月17日摘自新华网。

3 2014年7月22日摘自广州日报。

工程项目建造阶段环境影响报告书被国家环保部受理并公示。长达571页的环评全本披露了该项目的众多细节，比起6月公示的选址阶段环评公告文件，总投资从374亿提高到422亿，增加了48亿元，而1号机组投产时间从2018年延迟到2019年，延迟了一年。

据悉，一期工程须填海24.28公顷，项目选址5公里内涉及11个村，有14%左右的居民最担心周边受核辐射污染，对此，环评表示涉及放射性的废水、废气、固体废物都会有专门处理方式，核电站退役后，也会采取拆除或就地埋葬进行安全退役。

记者了解到，广东电力需求将继续保持快速发展，核电厂的建设，将在一定程度上解决广东供电不足。环评显示，陆丰核电站三面临海，目前厂区周围主要是海边山地、沙滩及荒地，北边距离深汕高速24公里，交通完善。此外，位于厂址约1.1公里的西湖村已经于2012年整体搬迁到新建的移民新村，建设规模为112户，目前厂址半径1公里以内没有居民点，离厂址最近的居民点是后埔村，户籍人口约2 000人。记者获悉，陆丰核电厂厂址半径5公里范围内还涉及后埔、浅澳、上林、新丰、红坡和角清等6个行政村11个自然村，但没有万人以上的居民点。

（三十八）秦山三期核电站一号机组并网发电，中国核电梦想升级[1]

29日上午10时21分，我国首座重水堆核电站——秦山三期（重水堆）核电站一号机组在浙江海盐首次成功并网发电，正式向华东电网输送清洁、安全的电能。机组核反应堆、汽轮机、发电机及电网运行正常，各项技术性能均符合设计规范要求。加拿大原子能有限公司副总裁潘凯恩评价说："这是神话般的工程。"

【我国首座重水堆核电站并网发电　加拿大专家评价：这是神话般的工程】

中国要想富国，有两个问题必须解决，其中之一是能源。我们国家缺油少气只有煤，而燃煤又容易引起严重的环境污染，中国的可持续发展迫切需要清洁、安全、经济的新能源。这正是中国"核电梦"的源头。

1986年，"跟踪世界科技前沿"的国家863高技术研究与发展计划启动，高温气冷堆列为我国未来战略发展的先进反应堆型之一。1991年，秦山核电站首次并网发电成功，实现了中国大陆核电零的突破，中国成为继美、英、法、苏联、加拿大、瑞典之后世界上第7个自行设计、建造本国第一座核电站的国家。2002年我国首

1　2014年7月29日摘自科技日报。

座重水堆核电站——秦山三期（重水堆）核电站一号机组首次成功并网发电。2005年，秦山核电站二期工程历经八年艰苦努力，全部建成投产，圆满完成了建造首座国产化商用核电站的历史使命。2013年底，浙江三门核电站1号机组土建基本完工，备受世人瞩目的第三代核电AP1000进入建设"收官"阶段。2014年1月，具有我国自主知识产权的CAP1400初步设计通过国家能源局审查，中国品牌的第三代核电技术就此起步。

从零开始，到第一代、第二代、第三代……中国的核电技术实现了一个又一个突破，中国人的"核电梦"也由成为核电大国升级至成为核电强国。

（三十九）广东第二个核电基地启用，阳江核电站投入商运[1]

阳江核电1号机组已于7月25日完成168小时示范运行，具备商业运行条件，今日将正式投入商业运行，将成为我国大陆第六个、广东省内继大亚湾核电基地第二个投入商业运行的核电基地，也是粤西地区首个核电项目。

【各项指标均处于受控状态】

经过20年的筹备，2008年11月12日，国务院核准阳江核电基地采用自主品牌的中国改进型百万千瓦级压水堆核电技术，建设6台核电机组。2008年12月16日，阳江核电站1号机组主体工程开工，工程由中广核工程有限公司总承包建设。

截至昨日，除已商运的1号机组外，阳江核电站2号机组正在准备热试，3号机组已进入了设备安装和调试阶段，4、5、6号机组处于土建阶段。目前，阳江核电站工程建设整体安全质量状况良好，各项指标均处于受控状态。

【机组设备国产化率83%】

阳江核电基地1、2号机组采用了我国自主品牌的百万千瓦级压水堆核电技术——CPR1000，3、4号机组在CPR1000基础上进行了25项技术改进，形成了CPR1000+技术，进一步提升了机组的安全性与经济性，5、6号机组则在CPR1000+技术基础上进一步采用31项重大技术改进，形成了具备三代核电主要安全技术特征的ACPR1000技术。

据中广核工程有限公司常务副总经理夏林泉介绍，国内制造企业共同参与了阳江核电基地设备国产化建设。蒸汽发生器、汽轮发电机和反应堆压力容器等主设备，控制棒驱动机构、核级泵、阀门等关键设备都实现了国产化，阳江核电站1号

1　2014年7月30日摘自羊城晚报。

机组设备国产化比率达到了83%。

【年发电量将超480亿千瓦时】

据阳江核电有限公司党委书记殷雄介绍，阳江核电基地6台机组全部建成后，年发电量将超过480亿千瓦时，与同等规模的煤电电厂相比，相当于每年减少标煤消耗1 560万吨，减少二氧化碳排放3 828万吨，减少二氧化硫排放37万吨，减少氮氧化物排放24万吨，环境效益相当于10万公顷森林。

为促进当地经济发展，阳江核电有限公司安排专项资金，通过出资修建公路，与周边村镇共建道路、路灯、自来水等基础设施，开展奖教奖学活动等形式对周边村镇进行帮扶，截至2013年年底已累计投入超过1亿元。

（四十）国家核安全局：未来核电安全监管将更加公开透明[1]

环境保护部（国家核安全局）核与辐射安全监管一司副司长赵永康7日说，未来我国在核电安全监管方面将更加公开透明，来回应公众对于核电安全的关切。

在大连市红沿河核电基地举行的“中国广核集团2014公众开放体验日主题论坛”上，赵永康说，从今年开始，我国所有核电厂的环境评价报告和安全分析报告将全部在网站上公布。“在核安全监管上没有什么信息是可以隐瞒的，”他说。

面临巨大的生态环境压力和能源供应瓶颈制约，我国已明确，在采取国际最高安全标准、确保安全的前提下，抓紧启动东部沿海地区新的核电项目建设。而随着公众对健康环保的重视，建立更加透明的信息公开机制和沟通机制，也成为政府监管部门和核电企业必须面对的重要课题。

赵永康说，日本福岛核泄漏事故发生后，我国启动了全国辐射环境监测网络，全国任何一个监测点的辐射环境数据每天都在网上公布。目前正争取实现数据的每小时更新。

他说，目前我国核安全监管面临的主要问题是人才经验不足和顶层法律的缺失。当前核安全法的立法工作取得了一定进展，已列入十二届全国人大常委会立法规划。

据介绍，国家核安全局对核电站实施全过程、全方位的监管，分选址、设计、建造、运行、退役等不同阶段进行审批，并颁发各许可证件；目前核安全局在全国设立六个核与辐射安全监督站，对核电站的建造质量、设备质量、人员资质、运行安全等

1　2014年8月7日摘自新华网。

进行日常、例行和非例行核安全监督。

（四十一）中国核电建设提速，漳州核电一期环评公示[1]

福建省内第三座核电站——漳州核电一期工程环评信息8日在漳州环保局官网上予以公示，建设总工期54个月。2011年3月，日本福岛核事故后，中国国务院对核设施进行全面安检，并暂停审批新的核电项目，漳州核电亦在其中。不过，今年4月召开的新一届国家能源委员会首次会议上，国务院总理李克强明确提出，“要在采用国际最高安全标准、确保安全的前提下，适时在东部沿海地区启动新的核电重点项目建设。”中国核电建设提速。

记者了解到，目前中国已有商业运行的核电机组17台，总装机容量1 470万千瓦，在建核电站机组29台，总装机容量3 057万千瓦。除了福建三座核电站外，在建的还有湖南桃花江、浙江三门、海南昌江核电项目，另有浙江秦山一期、二期、江苏田湾核电正在实施扩建工程，全国范围内待建的核电项目超过15个。

（四十二）《核安全法》已形成初稿，本周进行讨论[2]

核电安全问题备受关注，而作为核安全顶层法律的《核安全法》的出台更是各方关心的焦点，据悉，《核安全法》目前已经形成初稿，本周相关部门将就该稿进行讨论，一位参与该法拟定的人士表示，按照目前的进度，争取五年内出台。

据了解，目前核安全领域的7个条例分别是《民用核设施安全监督管理条例》、《核电厂核事故应急管理条例》、《国核材料管理条例》、《民用核安全设备监督管理条例》、《放射性物品运输安全管理条例》、《放射性同位素与射线装置安全和防护条例》、《放射性废物安全管理条例》。截至目前，大陆地区核电在役机组20台，装机总容量1 794万千瓦，在建机组28台，装机容量3 061万千瓦，占全球核电在建机组的40%。

（四十三）福清核电1号机组首次并网成功[3]

20日17时08分，随着并网指令发出，福清核电1号机组主控室大屏幕显示

1　2014年8月9日摘自中国新闻网。

2　2014年8月13日摘自证券时报网。

3　2014年8月20日摘自新华网。

发电机已带上初始负荷——1号机组首次并网成功。经技术人员确认，该机组并网过程中设备各项参数正常稳定，状态控制良好，这标志该机组建设正式进入并网调试阶段，具备发电能力。

福清核电项目位于福建省福清市三山镇，1号机组于2008年11月开工建设；并网之后，1号机组将继续完成满负荷前的各项试验，在取得政府相关部门颁发的相关审批文件后，预计2014年11月可实现正式商运。

据中国核能电力股份有限公司总经理陈桦介绍，目前福清核电2号机组已从安装阶段向调试阶段过渡，计划2015年8月建成投产；3号机组处于安装高峰阶段，计划2016年2月建成投产；4号机组已完成土建主体工程，已经进入安装阶段，计划2017年3月建成投产；5、6号机组目前正积极推进前期准备工作，争取早日开工。

福清核电6台机组全部建成投产后，年发电量将达到450亿千瓦时，年总产值将达170亿元，增加近3万人的就业。

日本福岛核事故后，按照国家核安全局的要求，福清核电1号机组一共做了14项技术改进，充分考虑了各种极端灾害叠加等因素，11项已在首次装料前完成，进一步提高了机组的安全水平。

（四十四）浙江省首台百万千瓦级核电机组装料[1]

9月1日15时25分，秦山核电厂扩建项目（方家山核电工程）1号机组第1组燃料组件顺利装入反应堆堆芯，这一重大里程碑节点的实现，标志着该机组从工程建设阶段转入带核试运行，提前实现首个登高目标，为早日建成投产打下坚实基础。该机组是秦山核电基地的第八台机组，也是浙江省首台百万千瓦级核电机组。

是日上午，国家核安全局批准该机组首次装料。在华东核安全监督站现场检查确认后，中核运行维修支持处的装料操纵员精心操作装料小车，将第一组燃料准确无误安全装入反应堆堆芯。方家山核电工程反应堆共有157组核燃料组件，预计三天后完成装料。

为了尽早实现方家山工程2014年并网发电登高目标，秦山核电业主公司、中核运行、工程公司以及各参建单位大力协同、携手奋进，紧盯目标、狠抓落实，制定详细工作计划和实施方案，周密组织、积极推进现场装料前各种调试试验、安全管

1　2014年9月1日摘自浙江在线。

理，以及应急综合演习、核安全检查和首次装料前相关报告评审等工作。

（四十五）国家科技重大专项大型先进压水堆核电站CAP1400示范工程开工前验证试验全部完成[1]

2014年8月19日，大型先进压水堆核电站重大专项CAP1400核电站熔融物压力容器内滞留试验项下"全尺寸下封头外壁临界热通量和流道流动试验"在上海顺利通过有关部门和单位参加的试验见证。至此，CAP1400示范工程浇筑第一罐混凝土（FCD）前须完成的13项关键试验已全部完成，为CAP1400示范工程设计、安全评审奠定关键基础。

CAP1400是在引进国外大型先进三代非能动压水堆AP1000的技术上，针对日本福岛核事故情况进一步提高安全标准，我国自主开发的非能动压水堆核电堆型，其安全性、经济性和环境相容性达到世界三代核电的领先水平。为了彻底掌握非能动安全核心技术，满足CAP1400示范工程安全评审和自主化软件开发等需要，核电专项围绕AP1000分析程序和试验对CAP1400的适用性验证，以及CAP1400关键主设备部件的性能验证等两方面部署"CAP1400非能动堆芯冷却系统性能研究及试验"、"CAP1400熔融物堆内滞留研究及试验"等六大试验课题，涵盖21项试验。国家能源局要求其中13项关键试验任务项作为CAP1400示范工程开工前必须完成的前提条件，国家核安全局针对上述试验任务项中的关键环节安排了现场见证。

（四十六）CAP1400示范工程通过核安全审评[2]

2014年9月2日，国家核安全局在北京组织召开了大型先进压水堆重大专项CAP1400示范工程初步安全分析报告审评收口会。这标志着长达17个月的核安全审评工作基本结束，CAP1400安全分析报告得到国家核安全局的审评认可。国家核安全局副局长、环保部核电安全监管司司长王中堂出席会议。

CAP1400审评工作自2013年3月启动，历时17个月，堪称我国核电发展史上范围最广和程度最深的一次。直接参与审评的专家学者超过260多人，经30多次的对话、讨论，共计提出并解答问题5 000余个，前后形成了1 000多个工作单。

1　2014年9月4日摘自科技部。

2　2014年9月9日摘自国核技。

本次安全审查除以往的文件审查外，还开展了六大专项审查以及核安全中心独立审核计算、设计验证试验见证和核安全中心的独立试验验证等五大方面的核安全审查。国家核安全局对审评中提出的19个重要问题，形成了审评技术见解，并通过核安全专家委员会的审议，不但很好地解决了CAP1400审评问题，对于核电厂后续的设计和审评都具有重要指导意义。

（四十七）田湾核电摘得全国企业文化建设示范基地[1]

日前，随着田湾核电站“全国企业文化建设示范基地”评审验收，田湾核电站成功晋级“全国企业文化建设示范基地”，成为全国核电行业首家获此殊荣的单位。副市长董春科参加相关活动。

据了解，全国企业文化建设示范基地设立的宗旨是为了不断推进企业文化创新、增强企业核心竞争力，建立符合我国国情的企业文化管理模式和评价体系。

2012年10月，田湾核电站结合企业发展的新形势、新任务和新要求，发布了以“田湾精神”为核心价值观的新时期企业文化理念体系，揭开了田湾特色企业文化建设的新篇章。目前，田湾核电站已建立以核安全文化为基础，田湾精神为核心的，从企业文化的理念、制度、行为、符号四个层次，建立了具有田湾特色的企业文化建设“四步六维”模型，将企业文化建设工作框架化、凝练化、图形化，全面系统推进企业文化建设工作，使企业文化基本理念逐步落地生根。

（四十八）发改委副主任：中国在建核电站全球最多，还要继续发展[2]

9月11日，国家发改委副主任解振华在2014天津达沃斯论坛上表示，中国正在着手气候变化立法，已经列入议事日程。解振华透露，中国政府做了很多来应对变化，中国政府在应对气候变化方面做得多说的少，应该多宣传。要实现非化石能源占一次能源比重的15%，还要发展核能，但是要确保安全。中国在建核电站在全球是最多的，还要继续发展核电。

解振华对于9月23日即将在联合国召开的气候变化峰会寄予了希望，他希望参会的来自130多个国家的政府首脑，在这次会上为明年将在巴黎举行的气候变化会议达成新的共识，增加政治推动力。解振华表示，在应对气候变化的科学性问

1 2014年9月10日摘自连云港日报。

2 2014年9月11日摘自凤凰财经。

题上还需要进一步普及。他认为，解决气候变化问题，要注意发展机构及和保护环境的平衡，核心是依靠技术，其次是融资。“尤其是发展中国家、小岛屿国家，为他们提供技术和资金支持，这两个问题如能得到解决，应对气候变化会取得共识的。”解振华说。

（四十九）国家能源局启动核电“十三五”规划编制工作[1]

9月9日，国家能源局在京组织召开核电重大专项“十三五”规划编制工作启动会，认真贯彻落实党中央、国务院关于推进能源技术革命和做好“十三五”规划工作的决策部署，总结“十二五”核电重大专项执行情况，部署“十三五”核电重大专项规划编制工作。国家发展改革委副主任、国家能源局局长吴新雄出席会议并讲话。

吴新雄指出，做好核电重大专项“十三五”规划，是能源领域落实创新驱动发展战略，推动技术革命的需要；是实现科技成果转化生产力，带动我国产业升级的需要；是立足国情，实现我国能源技术由追赶向跨越转变的需要。必须统一认识、聚焦目标、明确任务、创新机制，为我国核电技术发展绘制好蓝图。

吴新雄强调，“十三五”时期是核电重大专项冲刺的五年，编制核电重大专项“十三五”规划，要按照“问题导向、聚焦目标、整合资源、创新机制”的总体要求，围绕核心技术、研发体系、管理机制、产业发展等影响我国核电技术自主创新的重大问题，加快关键领域、关键环节的技术攻关，力争核电技术有重大突破；加快完善核电技术研发和试验验证体系，促进科研资源高效配置；深化专项管理制度改革，创新工作机制，营造开放、公平有效的专项实施环境；推动核电技术及其相关产业协同发展，在取得技术突破的同时，促进产业升级。

（五十）甘肃省拟建立放射性废物处理处置生态补偿制度[2]

据鑫报报道，我省作为国家最早的核工业和核试验基地，拥有核燃料循环链体系各个环节的核设施，是名副其实的“核大省”。当前，我省辐射环境风险不断增大，监管任务日益艰巨；同时，随着通信基站和广播电视设备的大规模增加，电磁环境信访投诉逐年增多，出现了一些亟待解决的问题。为此，我省起草了《甘肃省辐射污染防治条例（草案）》（下称《草案》）。昨日，在省十二届人大常委会第十一次

1 2014年9月13日摘自国家能源局官网。

2 2014年9月23日摘自中国甘肃网。

会议上，省环保厅相关负责人对《草案》作了说明。

针对当前电离辐射污染防治中的突出问题，《草案》明确要求核技术利用等相关单位建立安全保卫和辐射监测制度，明确对废旧金属进口、回收、熔炼企业提出事前监测要求；同时，《草案》对电磁辐射污染防治做出规范，一是从源头防止电磁辐射污染的产生；二是建立电磁辐射设施的申报登记制度；三是要求对电磁辐射设施设备进行日常监测。

此外，为有效调节乏燃料和放射性废物处置中的生态环境保护者与受益者之间的利益分配关系，化解已显现和潜在的环境威胁，《草案》建立了“乏燃料和放射性废物处理处置生态补偿制度”。对运抵我省处理、处置、驻存的乏燃料和放射性废物生产单位实行审批备案制度，在本省行政区域内处理处置的乏燃料和放射性废物应当缴纳生态补偿费，主要用于生态环境保护和功能修复。

（五十一）法国通过能源过渡法条款，将核电比例从 75% 下调至 50%[1]

据法新社 10 月 10 日报道，法国国民议会当天通过能源过渡法案第一条。如法国总统奥朗德此前承诺那样，法国政府将在 2025 年将核能发电比例从当前的 75% 下调至 50%。报道称，法国国民议会从 10 月 6 日起即就上述法案条款进行讨论。该条款计划在 2050 年实现与 2012 年相比降低 50% 的能源消费目标。议员通过政府修正案增加了一个中期目标，即在 2030 年实现能源消费降低 20%。

这一投票是在法国环保团体关注法国本土核电站安全后作出的。核能发电是法国最主要的电力来源。2008 年，这些发电厂产生的电力占法国发电量的 87.5%，使法国电力公司在比例上成为世界领先的核电生产者。由于核电的大规模使用，法国成为世界上最大的净电力出口国，其总发电量有 18%（约 100 万亿瓦时）输往意大利、荷兰、英国和德国，而其电力成本是欧洲最低者之一。

（五十二）欧盟委员会宣布启动“欧洲核聚变”的新项目[2]

欧盟委员会日前宣布，欧盟成员国以及瑞士的聚变研究实验室共同启动一个名为“欧洲核聚变”的新项目，旨在推动聚变能技术研究。2012 年末，上述聚变研

1　2014 年 10 月 11 日摘自中国新闻网。

2　2014 年 10 月 13 日摘自中国国电集团。

究实验室一致通过了2050年前聚变能发展路线图。研究人员希望，“欧洲核聚变”项目能解决路线图初始阶段的重要科学和技术挑战，重点之一就是为正在法国建造的国际热核聚变实验堆提供科学和技术支持。“欧洲核聚变”各参与方共同成立了一个为期五年(2014年至2018年)的联合项目，总预算约为8.5亿欧元。

欧盟委员会副主席、负责能源事务的委员京特·奥廷格指出，聚变能有潜力作为一种可靠、安全和可再生能源使用，且不会排放二氧化碳。“欧洲核聚变”项目将有助于欧洲在聚变研究领域继续保持领先地位。

(五十三)南非与法国签署一项核能合作协议[1]

南非同法国签署了一项核能合作协议。三个星期前，南非与俄罗斯也签署了类似的协议。这是比勒陀利亚政府朝建设9600MW核电目标迈出的试探性一步。在9月20日的协议中，受热捧的俄罗斯获得了一份100亿美元的核电站建设合同，使很多南非人感到吃惊，这迫使政府官员出面澄清说这只是长期采购程序的初步阶段。能源部官员还强调指出，同法国、韩国、美国以及日本等其他国家的政府间协议也与此相似。

(五十四)中广核中标罗马尼亚核电[2]

当地时间10月14日，罗马尼亚政府部际核电项目“谈判委员会”正式宣布：中广核成为罗马尼亚Cernavoda核电站3、4号机组项目(以下简称罗核项目)的“最终投资者”。据了解，10月17日，中广核还将依照此结果，与罗马尼亚国家核电公司签订该项目建设意向书，标志着中广核在推动落实中国核电“走出去”战略的征程上迈出了坚实的一步。

罗核项目位于多瑙河畔的罗马尼亚康斯坦察县，属内陆核电项目。项目规划建设5台核电机组，其中1、2号机组已建成在运。3、4号机组是罗马尼亚政府重点推进的项目，已于2010年12月5日获得欧盟委员会(EC)的认可，计划于2019和2020年建成发电。

中广核将争取在今年内与罗马尼亚国家核电公司完成相关谈判，成立合资公司以使该项目开发权落地。

---

1 2014年10月14日摘自国防科技信息网。

2 2014年10月15日摘自中国国电集团公司。

（五十五）方家山核电 1 号机组实现首次临界[1]

海盐县秦山核电基地方家山核电 1 号机组首次达到临界状态，标志着方家山 1 号机组整体系统、设备的调试基本完成，正式进入带功率运行状态，为下一步机组的并网发电和商业运行创造了条件。

（五十六）法国阿海珐将为南非建造八座新的核电反应堆[2]

在本周签署了 500 亿美元的协议后，法国准备在南非建造 8 座核反应堆。据世界核新闻报道，这项交易同样也规定了在南非推进技能发展、核技术本土化以及研发活动等。南非目前有两座运行的核电厂。阿海珐将在科贝赫新建 8 座同样的新核反应堆。现有设施从 80 年代中期以来一直在运行。

（五十七）土耳其将兴建三座核电站[3]

为减少电力进口，确保经济发展所需能源供应，土耳其日前决定将兴建 3 座核电站，其中第三座核电站将由土耳其自主设计和建设。土耳其是能源短缺国家，97% 的能源依赖进口，每年进口电力耗资约 550 亿美元。为扭转这一境况，土耳其政府决定大力发展核电站。土耳其的第一座核电站将由俄罗斯在该国南部梅尔辛市兴建，计划将于 2015 年春季开工，年发电量为 350 亿千瓦时。今年 5 月份，土耳其同日本正式签订合同，拟在黑海之滨希诺普市兴建第二座核电站，造价约为 220 亿美元，设计年发电量 400 亿千瓦时。

（五十八）世界首座模块式高温气冷堆核电站建设进展顺利[4]

作为世界首座模块式高温气冷堆核电站，位于山东荣成的高温气冷堆核电站示范工程建设目前进展顺利，从 2015 年开始，电站各个设备将逐步运抵现场，2017 年将实现并网发电。

由清华大学核能与新能源技术研究院主办的“国际高温气冷堆技术会议”28 日至 31 日在荣成举行，来自国际原子能机构、美国、俄罗斯等 17 个国家和地区的

---

1 2014 年 10 月 23 日摘自嘉兴日报。

2 2014 年 10 月 23 日摘自国防科技信息网。

3 2014 年 10 月 28 日摘自经济日报。

4 2014 年 10 月 30 日摘自新华网。

专家就高温气冷堆研发等展开交流。高温气冷堆核电站示范工程国家重大专项总设计师、清华大学核研院院长张作义说，目前，高温气冷堆核电站示范工程已完成从负 18 米到地面 7 米标高的全部土建施工任务，反应堆厂房舱室墙体、乏燃料厂房以及核辅助厂房浇筑等施工已至地上 10 米，今年底将达到 28 米标高。

（五十九）伊朗或将参与亚美尼亚核电站建设[1]

10 月 22 日，亚美尼亚伊朗问题专家沃斯卡尼扬称，亚总理阿布拉米扬 10 月 22 日访问伊朗期间，双方讨论了伊朗参与建设亚美尼亚核电站的建设问题。沃还称，如果伊朗能够参与亚核电站建设，那么亚伊双边关系将提升到一个新高度。目前，国际社会对伊朗的制裁力度在降低，如果伊朗能够获准参与亚核电站建设，那么伊朗还有可能参与亚更多资金不足的能源、通信等项目。

（六十）《核安全法》有望 2016 年出台[2]

记者 4 日从国家核安全局获悉，作为规定安全管理基本制度的顶层法律，《核安全法》已列入十二届人大常委会立法规划，由人大牵头，起草工作正在积极推进，目前已经形成初稿，正在征求相关部门的意见，以进一步修改，预计列入明年人大的立法申报计划，有望 2016 年出台。

这也为正在酝酿的核电重启计划释放出积极“信号”。据环保部核设施安全监管司副司长赵永康介绍，《核安全法》涉及范围很广，主要包括安全目标、原则、部门分工、监管制度、公众参与和信息公开等内容。“作为今年来最缺的顶层大法，《核安全法》对核安全监管意义重大。国家高层对核安全立法进程非常重视，近期接连有重要批示。”国家核安全局副局长、环保部核设施安全监管司司长郭承站透露说。而在核电重启的过程中，安全问题无疑是重中之重。

（六十一）我国首座高温气冷堆核电站有望 2017 年建成[3]

记者从科技部获悉，我国重启核电后的第一个新建核电项目——华能石岛湾高温气冷反应堆，厂房施工已自地下 18 米施工至地面以上 14 米，底板第一层混凝

1　2014 年 11 月 2 日摘自商务部网站。

2　2014 年 11 月 4 日摘自新华网。

3　2014 年 11 月 15 日摘自中国科技网。

土浇筑完成有望2017年建成并发电。作为世界首台商业运行目标的模块式高温气冷堆核电站，石岛湾高温气冷堆核电站示范工程于2006年被列入《国家中长期科学和技术发展规划纲要（2006—2020年）》16个科技重大专项之一；2012年12月4日正式获得国家核安全局颁发的建造许可证。

（六十二）俄罗斯宣布承建越南首个核电站项目[1]

俄罗斯国家原子能署署长谢尔盖•基里延科莫斯科时间19日宣布，俄罗斯原子能公司将越南承建"宁顺-1"核电站项目，该项目的场地勘测工作已于今年9月完成，将于明年初开工。这将是越南的第一个核电站，但是越南各界对这一项目存在很大争议。

（六十三）"华龙一号"落地核电发展迎来难得机遇[2]

牵动业界1年之久的"华龙一号"机型落地项目终于确定，这不但让"华龙一号"这一自主三代机型正式落地生根，也让与之相关的产业链上下吃了定心丸。随着"华龙一号"落地福建福清核电站5、6号机组，不出意外广西防城港核电项目也将有2台机组使用该机型。除了4台核电机组落地本身将带给中核、广核、各参股业主及项目地方更大的发展之外，这400万千瓦规模的装机也将支撑起一条可观的产业链。虽然这一产业链在过去几十年我国核电发展过程中已经较为成熟，但400万的新增装机将让这一产业链条更加适应全球核电的发展潮流——从成熟二代加产业链过渡到三代核电产业标准。在"华龙一号"落地项目确定之后，是否会有新的核电项目核准成为2014年核电行业最后的大悬念。

（六十四）我国秦山第二核电厂3号机组第4次大修完成[3]

11月25日21时29分，秦山第二核电厂3号机组并网成功，第4次换料大修（304大修）顺利结束，为该机组下一循环的安全稳定运行奠定了良好基础。随后机组将稳步提升功率并完成各功率平台相关检查和试验，预计11月29日机组达到满功率。

1 2014年11月20日摘自国际在线。

2 2014年11月28日摘自中国电力新闻网。

3 2014年11月28日摘自中核网。

（六十五）CAP1400 六大关键试验核安全见证全部完成[1]

近日，大型先进压水堆核电站重大专项 CAP1400 非能动安全壳冷却系统综合性能试验（CERT）在河南开封国核能源试验室顺利完成冷却剂丧失事故（LOCA）工况全过程瞬态模拟试验见证。至此，CAP1400 六大关键试验的核安全见证全部完成。

（六十六）阿联酋第一台核电机组已完成 61% 建设进度[2]

阿联酋核能公司（Emirates Nuclear Energy Corporation，ENEC）首席执行官 Mohamed al-Hammadi 在出席阿布扎比能源、工业和基础设施会议时表示，巴拉卡核电站第一台机组已完成 61% 的建设进度，将如期于 2017 年投入运营。按 ENEC 的计划，2017 年至 2020 年，核电站将以每年 1 台的进度完成全部 4 台机组的建设安装。

Al-Hammadi 表示，200 亿美元、总装机容量 5.6GW 的核电站建成，将使阿联酋减少 1 200 万吨的二氧化碳排放。项目也将为本地化建设做出贡献，超过 1 000 家本地公司参与了该项目，核电站 1 300 名员工中将有 62% 为本地员工。

（六十七）国家能源局批复："华龙一号"落地中广核防城港二期[3]

近日，国家能源局对广西壮族自治区发改委、中国广核集团有限公司的请示报告发出复函，同意广西防城港核电二期工程按 2 台机组论证，采用"华龙一号"技术方案。

复函中说，广西壮族防城港红沙核电项目厂址已被列入《核电中长期发展规划》厂址保护目录。要求按照国家有关规定，对后续工程按照 4 台机组的容量，统筹规划，分步实施，抓紧开展各项前期准备工作，并对厂址实施保护。复函中指出，广西防城港核电二期工程需按照"华龙一号"总体技术方案审查会的要求，进一步优化完善设计，加快试验验证和关键设备研制，夯实技术基础。根据厂址实际情况和国家有关规定，要进一步落实电厂建设条件，认真做好环保、节能、用地、用水、用海等相关外部条件论证。复函还要求，充分利用我国目前的核电装备制造业体

1 2014 年 12 月 3 日摘自中国核电信息网。

2 2014 年 12 月 10 日摘自商务部网站。

3 2014 年 12 月 17 日自北极星电力网。

系，支持关键设备、零部件和材料的国产化工作，压力容器、蒸汽发生器、主泵、数字化仪控系统、堆内构件、控制棒驱动机构以及常规岛等关键设备，泵、阀等零部件，690U 型管、核级电缆、焊材等关键材料的国产化比例不能低于 85%。

（六十八）日在建大间核电站申请安全审查堆芯全用 MOX 燃料[1]

日本电源开发公司于 12 月 16 日向核管理委员会申请，对正在建设的大间核电站开始运行安全审查。这是日本国内首个对在建核电站提出安全审查的申请。大间核电站是日本国内首个仅采用 MOX 燃料就可以运行的核电站，预计于 2020 年 12 月完工，2021 年开始运营，预计可抵挡 450-650 噶尔的地震摇晃，最大海啸高度也由 4.4 提高到 6.3 米。

第二节 涉核重要会议新闻

（一）全国政协召开座谈会建言核电和清洁能源发展，俞正声主持[2]

全国政协 9 日下午在京召开双周协商座谈会，围绕“核电和清洁能源发展”建言。全国政协主席俞正声主持会议并讲话。

座谈会上，张国宝、贺禹、何祚庥、万钢、王玉庆、刘炳江、李河君、郝远、王炳华、王计、刘汉元、李子颖、王明弹等全国政协委员和专家学者，就发展核电和清洁能源，确保安全等问题，提出意见建议。

委员们认为，发展核电和清洁能源、调整能源结构，是保持经济持续发展和生态环境保护的重大问题。要在确保安全的基础上稳步有序推进核电建设，优化核电项目布局，理顺监管体制，强化核安全监管，杜绝发生核泄漏事故；同时，要加快发展水电，积极发展风电，大力发展光伏发电。俞正声认真听取发言，同大家一起

1 2014 年 12 月 17 日摘自电缆网。

2 2014 年 1 月 9 日摘自人民网。

讨论。座谈会发言踊跃，交流坦诚，气氛热烈。

近年来，委员们十分关注核电和清洁能源发展。2013 年，民建中央专门围绕清洁能源发展问题进行调研并提出了建议。座谈会上，全国政协副主席、民建中央常务副主席马培华就此做了发言。

国家发展改革委员会副主任、国家能源局局长吴新雄介绍了我国核电和清洁能源发展的情况。环境保护部（国家核安全局）、水利部、中国工程院有关负责同志与委员互动交流。中国地震局有关负责同志出席会议。

全国政协副主席杜青林、张庆黎、苏荣、陈元、王钦敏等出席座谈会。

（二）习近平今出席核安全峰会将首次向世界阐述中国核安全观[1]

习近平主席将在核安全峰会上发言，首次向世界阐述中国的“核安全观”。在当地时间今天下午举行的峰会第一次全会上，习近平主席将阐述中国的“核安全观”，这不仅是中国“核安全观”的首次阐述，也是世界上第一个提出“核安全观”的国家，因此备受关注。此外，习近平还将会见荷兰议会主要成员，出席“模拟核危机应对”讨论，并出席威廉•亚历山大国王举行的工作晚宴。

（三）第三次核安全峰会第一次全会开幕[2]

第三届核安全峰会第一次全会 24 日下午在荷兰海牙召开。东道主荷兰首相吕特在开幕致辞中说，决策者们将努力实现峰会三方面目标——在世界范围内减少核材料数量、推动更积极的核安全文化、加强核安全保障制度。

吕特表示，虽然我们在确保核安全领域正不断取得进步，但全球范围内目前还存在近 2 000 吨可用于制造武器的核材料，这需要各界人士时刻保持警惕。为此，峰会将为实现上述核安全目标制定未来数年的具体行动时间表。

联合国秘书长潘基文在会上敦促各国领导人成为确保核安全的最早行动者，并对峰会的召开给予积极评价，认为峰会对加深全球协作十分必要。

此次核安全峰会是继 2010 年华盛顿核安全峰会、2012 年首尔核安全峰会后的第三次会议。来自 50 多个国家的领导人或代表以及联合国、欧盟、国际原子能机构、国际刑警组织的负责人共同出席峰会。

---

1 2014 年 3 月 24 日 摘自央广网。

2 2014 年 3 月 24 日 摘自新华网。

此次核安全峰会以“加强核安全、防范核恐怖主义”为主题，峰会活动内容丰富、形式多样，包括全体会议、互动式专题讨论等，将发表公报作为会议成果。

（四）第三届核安全峰会通过《海牙公报》[1]

第三届核安全峰会25日下午在荷兰海牙闭幕，会议通过的《海牙公报》说，与会领导人在减少高浓铀核材料数量、增强放射性材料安全保障措施、增进国际信息交流和合作三方面达成共识。

《海牙公报》的内容涉及全球核安全体系、国际原子能机构作用、核材料、放射源、核安全与核能安全、运输安全、打击非法贩运、核分析鉴定、信息安全、国际合作等10余个领域，共提出6项非约束力承诺或鼓励措施。

公报特别指出，各国领导人认识到，仍需在未来数年继续努力，防范恐怖分子获取核材料、对核设施进行破坏，保障其他放射性物质安全。

公报说，与会领导人强调严格的核安全法律和监管规则的重要性，同时重申了为防范恐怖分子获取核材料以及相关情报和技术而制定预防措施的重大责任。

（五）日本政府拟召开座谈会讨论核电站信息公开模式[2]

日本福岛第一核电站污水泄漏事故发生以来，一度引起当地民众强烈关注，很多人反应不了解核电站的封堆作业进度和污水处理情况。为此，日本政府计划设置普通市民也能参加的座谈会，探讨向普通市民公布消息的理想方案。

座谈会成员除了福岛市民以外，也包括核电站周边自治体相关人员和农业渔业等相关团体代表。座谈会将收集现有信息发布存在的问题，研究推进建立简单易懂的信息发布体系和共享形式。第一次会议预定于2月17日在福岛市召开。会议将保持公开透明，普通民众也能自由旁听。

（六）五核国北京会议开幕，中方提出加强核领域全球治理看法[3]

五核国北京会议14日开幕。本次会议是中方首次主办五核国会议，中国外交部副部长李保东出席开幕式并致辞。

1　2014年3月26日 摘自新华网。

2　2013年2月7日 摘自环球网。

3　2014年4月14日摘自国际在线。

李保东说，提高核领域全球治理水平，符合国际社会共同利益，也是五核国的共同目标。李保东提出中方对加强核领域全球治理的五点看法：首先，实现普遍安全是核领域全球治理的根本目标，只有实现普遍安全，才能从根本上防止核武器扩散、更好地利用核能为人类造福；第二，发挥五核国带头作用是核领域全球治理的重要动力，五核国深化战略互信、加强团结协作，才能更有效解决核领域的问题，更好引导核领域全球治理的方向；第三，维护多边机制是核领域全球治理的核心内容，要充分发挥联合国、日内瓦裁军谈判会议、国际原子能机构等的核心作用；第四，坚持平衡推进和协商一致是核领域全球治理的基本原则，应在平等讨论基础上，遵循协商一致原则，同等重视、平衡推动核裁军、核不扩散与和平利用核能；第五，确保广泛参与是核领域全球治理的关键保障，各国政府应积极参与，同时调动国际及地区组织、非政府组织以及民间社会积极性，形成最大合力。

本次会议为期两天，五核国将就战略安全与国际稳定、核裁军、核不扩散、和平利用核能等问题深入交换意见。

（七）五核国第五次会议闭幕发表《共同声明》[1]

在北京举行的五核国第五次会议15日闭幕。与会的中、美、俄、英、法五国代表，审议了《不扩散核武器条约》的进展和面临的挑战，在战略稳定和国际安全、核裁军、核不扩散、和平利用核能等领域达成广泛共识，并发表《共同声明》。五核国重申《不扩散核武器条约》是核不扩散机制和核裁军的基石，将遵守条约规定的核裁军和全面彻底核裁军的承诺。

（八）核应急白皮书和国家核应急联合演习工作部署会召开[2]

2014年10月10日，国家核事故应急办公室在京组织召开《中国的核应急工作》白皮书和“神盾-2015”国家核应急联合演习工作部署会。会议研究部署了国家核应急演习和白皮书编纂工作总体方案，并对下一步工作进行了动员部署。国家核应急协调委员会27个成员单位、16个省（区、市）核应急管理机构、中核集团、中国核建集团、中广核集团、各核电场运营单位、核应急救援技术支持中心及分队共计110余名同志参加了会议。

---

1 2014年4月16日摘自京华时报。

2 2014年10月13日摘自国家原子能机构。

（九）中欧开展核安全合作交流[1]

中欧核安全文化培训及交流研讨会日前在北京召开。环境保护部核与辐射安全监管一司相关负责人致开幕词，环境保护部华东核与辐射监督站、西北核与辐射安全监督站、华北核与辐射安全监督站相关领导及核安全系统其他单位相关人员共110人参加了会议。

来自比利时、法国、芬兰等国的5位业界专家分别对本国核安全文化良好实践与发展经验进行了详细讲解与讨论，与会人员现场就核安全文化案例进行了分组讨论与分析。环境保护部核与辐射安全监管一司政策技术处相关负责人就中国即将发布的核安全文化政策声明中的技术问题与欧盟专家进行了研讨，我国两位专家就中国核安全建设现状与未来规划进行了交流。此次研讨会对提高我国核安全水平具有积极意义。

（十）第三届加强核安全核安保技术国际会议将在京召开[2]

第三届技术和科学支持机构在加强核安全和核安保方面面临的挑战国际会议（以下简称“TSO会议”）将于2014年10月27日至31日在北京召开。

本次会议是日本福岛核事故后专门针对科技支持机构的重大国际会议，其目标之一是帮助与会者理解福岛核事故对TSO的影响并汲取经验教训。

（十一）第三届核安全技术和科学支持机构大会在北京开幕[3]

第三届核安全技术和科学支持机构（简称TSO）大会27日上午在北京开幕。来自国际原子能机构成员国核安全监管机构、TSO以及经合组织核能署、世界核电运营者协会、欧洲技术支持网络等国际组织约300名代表参加会议。据悉，这是自日本福岛核事故后首次组织全球核安全领域TSO参与的最大规模的会议。

中国环境保护部副部长李干杰出席开幕式并致辞。李干杰介绍了中国核安全监管的发展现状，包括其在法规体系管理、核安全监管体制机制、应急准备和响应、国际交流合作、核安全规划、公众沟通、技术研发等方面以及在福岛核事故后核安全检查和改进行动中所发挥的重要作用。李干杰指出，“中国已建立了一套覆盖

---

1 2014年10月20日摘自中国新闻网。

2 2014年10月24日摘自中国环境报。

3 2014年10月27日摘自中国新闻网。

全面、层级清晰的核安全监管技术支持机构组织体系。"目前，国家核安全监管部门设立了核与辐射安全中心、辐射环境监测技术中心、苏州核安全中心、中机生产力促进中心、北京核安全审评中心5个长期技术支持单位。各省以及部分地市级环境保护部门均建立了响应的辐射环境技术支持单位。

国际原子能机构副总干事丹尼斯·弗劳利对中国政府承办此次大会表示感谢，并指出此次会议于福岛核事故3年后召开，得到了国际原子能机构成员国的广泛关注。他相信，此次会议将取得一系列成果，促进全球核安全水平的提高。

（十二）李干杰IAEA会上阐释核安全监管有如大厦"四梁八柱"[1]

10月27日，国际原子能机构（IAEA）第三届技术和科学支持机构（TSO）国际会议在北京召开。

会上，李干杰指出，现代建筑学强调基础和支撑的力学搭配，强调四梁八柱。而核安全监管大厦的"四梁"是法规制度、机构队伍、技术能力、精神文化，"八柱"是审评许可、监督执法、辐射监测、事故应急、经验反馈、技术研发、公众沟通和国际合作。同时，针对TSO未来发展，李干杰倡议未来各国TSO要发展成评价和审查中心、技术研发和应用中心、信息收集和交流中心以及人才培养和储备摇篮。

（十三）李干杰会见法国核安全局副局长[2]

环境保护部副部长（国家核安全局局长）李干杰10月29日在出席国际原子能机构第三届技术与科学支持机构会议期间会见了法国核安全局副局长菲利普·嘉美，双方就加强双边核安全合作等议题进行了深入讨论，并交换了续签的中法《关于核安全和辐射防护的合作协定》（以下简称《协定》）及《关于欧洲压水堆核电站（EPR）的合作安排》（以下简称《合作安排》）的文本。

（十四）核安全局：中国各类核设施安全受控，整体水平良好[3]

国家核安全局副局长、环保部核设施安全监管司司长郭承站，在4日环境保护

---

1 2014年10月30日摘自新闻宣传中心。

2 2014年10月31日摘自环境保护部网站。

3 2014年11月4日摘自新华网。

部召开的核电话题专家解读会上介绍，我国各类设施安全受控，未发生影响环境或者公众健康的核事故和辐射事故，整体安全水平处于良好状态。

郭承站介绍，国家核安全局对核电站实施全过程、全方位、分阶段的监管，分别对选址、设计、建造、运行、退役等不同阶段进行审评，并相应颁发厂址意见书、建造许可证等不同许可证件。国家核安全局对核电厂放射性排放进行严格监管。环保部核设施安全监管司副司长赵永康说，国家核安全局建立了严格的监测体系，对核电厂的气态、液态流出物和核电厂外围环境实行"双轨制"监测，分别由核电厂营运单位和核电厂所在省份的环保系统辐射环境监测机构负责实施。

环保部核电安全监管司副司长汤搏说，日本福岛核事故发生后，国家核安全局组织开展了一系列有针对性的响应行动，还编写了《核安全与放射性污染防治"十二五"规划及2020年远景目标》，对我国未来一个时期的民用核设施核安全工作完善了顶层设计，做出了总体部署。此外，国家核安全局还在核电厂外部事件裕量评估、核电集团应急支援能力建设、公众沟通方式方法研究、后续新建核电厂安全要求等方面开展了大量卓有成效的工作。

（十五）俄罗斯将抵制核安全峰会[1]

美国媒体报道，俄罗斯已告知美国，俄方将抵制定于2016年在美国芝加哥举行的核安全峰会。美联社4日援引两名不愿公开姓名外交官的话报道，俄罗斯在给美国的一份外交照会中表达这一立场。照会提及，俄方抵制这一峰会是因其"政治性质"。一名外交官说，俄方认为，任何有关核安全的会议应当处于技术层面，不是由一个国家而是应由联合国下属的国际原子能机构召集。

核安全峰会由美国总统贝拉克·奥巴马2010年倡议。过去的类似峰会中，俄罗斯均出席。但那名外交官说，俄罗斯出席今年3月在荷兰海牙举行的核安全峰会时已经持保留意见。他没有详加说明，仅说"改变了的政治氛围"增加了俄方远离这一峰会的决心，意指俄罗斯和美国因乌克兰危机"闹翻"。

美国白宫4日说，对俄方决定不参加筹备会议表示遗憾。白宫发言人乔希·欧内斯特说："对于俄方决定不参加上周的2016年核安全峰会筹备会议，美国感到遗憾……如果他们做出（改变）决定，欢迎他们继续参加的大门依然敞开。"

1　2014年11月5日摘自南京日报。

（十六）全国核电厂核安全工作座谈在京举行[1]

11月24日，由国家核安全局召集的全国核电厂核安全工作座谈会暨核电厂和研究堆核安全文化宣贯推进专项行动启动会在京举行。国家能源局核电司领导在发言中强调核安全和推进核安全文化的重要意义。国家核安全局局长李干杰对会议作了总结并宣布启动核安全文化宣贯推进专项行动，指出，核安全已经上升为国家安全战略的组成部分，中国的核电建设已走在世界前列。他总结了核安全监管三十年的实践经验，以及核安全领域面临的挑战，并就开展核安全文化宣贯推进专项行动进行了全面动员。

第三节 核事故（事件）新闻

（一）美国一核废料仓库着火未致放射污染[2]

美国新墨西哥州东南部卡尔斯巴德市附近的一处地下核废料仓库5日突然起火，导致工作人员紧急疏散，但该事故未造成放射性污染。当地时间5日，一辆运货卡车在该试验厂的地下仓库中突然起火，紧急反应小组立即采取措施，所有核废料处理工作已经停止，地下设施中的工作人员已全部疏散，其中一些人因吸入浓烟被送入医院，经治疗后已经出院。该试验厂特别强调，着火卡车附近没有核废料，该事故未造成放射性污染。

（二）美国能源部证实新墨西哥州发生核废料泄漏事故[3]

新墨西哥州东南部城市卡尔斯巴德附近的一处核废料隔绝试验厂日前发生泄漏，但暂时不会对公众健康造成威胁。

1　2014年11月26日摘自中国核电信息网。

2　2014年2月6日 摘自新华网。

3　2013年2月25日 摘自网易新闻。

据《新墨西哥人报》网站报道，美国能源部官员何塞•弗朗哥当天在新闻发布会上表示，监视装置呈现的数据与该厂地下存放的核废料一致，这说明发生了泄漏，但具体泄漏情况尚不明了，工作人员可能需要数周才能安全进入试验厂以了解情况。

弗朗哥还说，该厂的100多名工作人员在14日晚收到泄漏报警后被立即疏散，过滤装置随即启动，这减少了放射性元素的泄漏，地下辐射水平也逐渐降低。

（三）加拿大一港口发生核物质容器坠落事件[1]

据加拿大媒体援引当地消防部门的消息报道，当地时间13日晚10时许，一个集装箱从船上被吊车卸下时突然从约6米高处坠落，箱内物品包括4个装有危险性核物质六氟化铀的容器。据了解，六氟化铀是一种可挥发的化学混合物，被用于核反应堆或核武器所使用铀的浓缩过程。加拿大核安全委员会已表示获悉此事件，称这批核物质来自英国的一处铀浓缩设施。据报道，运载这批货物的船是来自英国利物浦港的“大西洋伙伴”号，4个核物质容器计划运往美国南卡罗来纳州。

（四）韩国核电站问题频发，月城3号机组再出故障[2]

据韩国《中央日报》3月17日消息，韩国产业通商资源部和韩国水力原子能16日发布消息称，位于庆尚北道庆州的月城三号机组15日上午因信号异常自动停止运行。韩国产业部方面表示：“水位控制方面出现异常信号。具体原因要等调查结束才能知道。据掌握的情况，核能并未泄漏。”据了解，月城三号机组是继庆北蔚珍韩蔚5号机组和全南灵光韩光2号机组出现故障后，今年出现的第三起核电站故障事故。

（五）朝鲜核设施安全遭质疑[3]

美国一家智库机构7日根据卫星图像推测，朝鲜今年早些时候可能暂时关闭位于宁边的钚反应堆，缘由是冷却用供水系统出现故障，可能威胁这处核设施的安全。

---

1 2014年3月16日 摘自新华社。

2 2014年3月17日 摘自环球时报。

3 2014年4月9日摘自新浪新闻。

（六）南京回应放射源披露滞后为不引起恐慌[1]

此次放射源丢失的时间是 5 月 7 日，相关部门向社会公布的时间是 5 月 10 日，很多人质疑南京市对此事的信息披露滞后。对此南京市环保局相关负责人在昨天做出了回应。

南京市环保局核与辐射管理处处长张世达："我们是 9 号凌晨接到的企业报案，我们在一个小时多一点时间到达现场，进一步了解、判断、案情分析以后，我们判断可能是在 7 日凌晨 3 点到 7 日晚上之间丢失的，并不是 7 日我们已经获悉它丢失，我们是 9 日凌晨获得信息的，最后 10 日上午锁定在某个区域。我们认为还是没有必要第一时间向所有公众对社会进行披露，以免引起不必要的恐慌。当时的情况专家也好，工作组也好，（认为）应该讲还是可控的。实际上在公布消息之前，无论是环保也好，公安也好，还是卫生部门也好，对整个现场进行了全面排查，对可能出现的每一个地点都进行了大范围的检测。"

张世达还介绍，目前环保部门对现场的监测已经有了结论，这次泄漏事件没有造成周边环境的污染，厂区内 93 名可能接触到放射源的工人以及放射源发现地点周边的居民目前都没有出现身体异常。

（七）韩光核电站 3 号机组停止发电，蒸汽发生器出故障[2]

据韩联社 10 月 17 日报道，韩国水电与核电公司 17 日表示，位于全罗南道灵光郡的韩光核电站 3 号机组因蒸汽发生器出故障，已于上午 6 时停止发电。

核电站方面表示，此前检测出异常的蒸汽发生器细管出现龟裂。细管起散热作用，若龟裂将可能会导致冷却水流出，从而会污染外部空气和水。为查明事故具体原因，将原计划于 11 月下旬进行的定期预防整顿提前。同时，核电站方面还在研究是否要替换出现细管缺陷的韩光核电站 3 号机组和 4 号机组。

（八）日本玄海核电站一电流断路器冒烟，伤亡情况不明[3]

据日本《每日新闻》报道，当地时间 28 日上午 9 点 35 分左右，位于日本佐贺县玄海町的九州电力玄海核电站一处电流断路器突然有烟冒出，火势已被随即赶来

---

1 2014 年 5 月 13 日摘自中央电视台。

2 2014 年 10 月 17 日摘自环球网。

3 2014 年 10 月 28 日摘自中国新闻网。

的相关人员控制，目前伤亡情况尚不明确。

事发当时，在玄海核电站第 3、4 号机组的反应堆辅助建筑地下二层的第一放射化学室内，一处电流断路器突然冒烟，相关部门人员获悉后已及时进行灭火。

据悉，受伤人数、是否发生放射性物质泄漏及对周围环境影响等情况目前尚不明确。玄海核电站正在对出事的第 3、4 号机组进行定期检查。

（九）乌克兰总理通报核电站事故，当局称未造成危险[1]

当地时间 3 日，乌克兰总理亚采纽克通报称，位于该国东南部的扎波罗热核电站日前发生一起事故。乌克兰能源部长弗拉基米尔·迪姆齐辛（Volodymyr Demchyshyn）当天证实了这一消息，但他表示，这起事故没有造成危险，核电站将于当地时间 12 月 5 日恢复正常运作。

法国核辐射防护与核安全研究院（IRSN）中东欧特别代表 3 日对媒体表示，该机构设在乌克兰国内的传感系统没有检测到有任何放射性异常，扎波罗热核电站事故没有对人体和环境造成威胁。

总部位于维也纳的国际原子能机构尚未对相关消息发表评论。路透社消息介绍说，1986 年切尔诺贝利事故发生之后，依据国际惯例，一国在发生可能对别国造成影响的核事故后，应向国际原子能机构进行通报。

（十）大亚湾核电站发生零级事件[2]

香港核电投资有限公司昨日公布，大亚湾核电站一号机组，日前按计划执行定期试验。其间由于一个继电器故障，导致其中一台主泵停止运行，反应堆自动保护系统因此启动，令一号机组安全停运。

发言人称运行人员及时采取相应措施，进行检查并更换有关继电器。大亚湾核电站一号机组已根据程序规定，在检查合格后恢复安全运行。目前大亚湾核电站的机组均保持安全稳定状态，事件亦没有对香港客户的供电构成任何影响。核电站根据国际原子能机构的“国际核事件分级表”，将事件评定为“非等级核电站运行事件”（又称为零级运行事件），即对核安全没有影响。事件也没有对电站的员工健康及附近地区的公众和环境构成任何影响。大亚湾核电机组的营运

1 2014 年 12 月 4 日摘自中国新闻网。

2 2014 年 12 月 18 日摘自成报网。

者，大亚湾核电运营管理有限责任公司（运营公司）亦已向国家核安全局通报有关事件。

（十一）韩水核电公司内部文件外泄，泄露者要求停运核电机组[1]

自称为“反对核电集团会长”的一名推特用户21日凌晨1时30分许在推特上上传警告韩国水电与核电公司的帖子和四个压缩档案，档案包括国内两家核电站的部分设计图和程序运行说明等。该网友要求从圣诞节起停运古里一号、三号机组和月城二号机组，韩国产业通商资源部长官尹相直20日上午主持召开有关会议，探讨应对水核电公司文件外泄事件的方案。韩国市民团体“能源正义行动”方面则敦促政府尽快采取有效措施予以应对。

第四节 专家涉核观点及言论

（一）罗琦委员：发展核能告别PM2.5[2]

全国政协委员、中国核动力研究院院长罗琦两会期间接受了人民网记者采访，针对政府工作报告中的核电内容表述做了解读。

【我国核能出口具有很大优势】

今年，罗琦委员联合其他多名委员共同提出关于核电走出去的提案，而在2014年政府工作报告中也明确提出，我国要“推动高铁、核电等技术装备走出国门”。

罗琦委员认为，目前我国核电出口的优势很多。技术方面，国内的核电水平已经居于世界顶尖；经济方面，核电初期投入成本较高，转为成熟期后费用消耗很低，平均下来，核电成本远小于热电等，此外我国对外关系良好，“中国制造”在海外的认可度较高。罗琦委员提出，核电出口是个系统工程，关系到工商、税务、银行、外

1 2014年12月21日摘自韩联网。

2 2014年3月9日摘自人民网。

交等多个层面，需要统筹推进。

【我国核电安全水平高】

2011 年，日本福岛核电站发生泄漏，大家比较关注核电站的安全隐患问题。对此，罗琦委员解释称，我国核电安全管理吸取了各方面教训，结合了美国、俄罗斯等多个国家的经验，安全水平很高。此外，从地质的客观条件分析，我国基本上都是浅滩，不易形成海啸，地质条件比日本好得多。而针对日本的这次核泄漏事件，我国又做了核电站的安全评审、检查等工作。

【普及核电应用，告别 PM2.5】

2014 年政府工作报告中提出“推动能源生产和消费方式变革，开工一批水电、核电项目”，还要“加快开发应用节能环保技术和产品，把节能环保产业打造成生机勃勃的朝阳产业”。

罗琦委员介绍称，核电属于清洁能源，基本零污染。目前华北地区的 PM2.5 污染问题严重，主要是烧煤造成的，普及核电应用则可以有效地降低污染。

（二）“此核安全非彼核安全”——专访荷兰国际关系研究所研究员 Paul Wilke[1]

在采访之初，Paul 先生就向记者强调，此核安全（nuclear security）非彼核安全（nuclear safe）。按照中国话说，核安全分狭义和广义之分，狭义的（safe）是指核材料、核设施发生事故的可能性，是保证这些设施本身的物理安全；而广义的（security）是指核材料、核设施是否能够安全保管、是否会被恐怖分子滥用的可能性，是保证这些材料和设施不被非法获得和非法使用的保管监管安全。当年奥巴马正是因为担心核设施和核材料被恐怖分子使用而倡议举行此峰会。

Paul Wilke 向记者表示，在世界重要国家领导人赴海牙举行峰会期间，许多国家的核企业高层和学术界核技术带头人也将在荷兰举行会议。“也就是说这里会有三个峰会，只是我们民间的两个峰会的影响力似乎无法和国家领导人峰会相媲美。” Paul 先生表示，他正是学术界峰会的组织者之一。

相较于领导人峰会更侧重于讨论高层、法律框架的内容，Paul 先生表示，民间的工业峰会和学术峰会走得更远也更具体，核工业峰会已经在考虑网络安全的问题，而学术峰会则更注重于考虑如何让公众更多地参与到核安全事业当中的问题。

1　2014 年 1 月 11 日摘自人民网。

提及广义的核安全，难道恐怖分子真的能够制造出核武器吗？似乎这样的情况只会出现在电影中。Paul 先生表示："世界上最顶尖的恐怖组织也无法靠自己的力量制造出核武器，所以他们考虑的问题应该是如何获得核材料，有了这些核材料他们就可以恐吓民众要挟政府。"所以 Paul 认为，现在广义核安全的重点应当放在如何保管核材料和保护核设施上。古人云：亡羊补牢，为时不晚。"但是在核安全领域，绝对不能出现任何差池。" Paul 先生很严肃地表示。

同荷兰外交部的 Piet De Klerk 先生的表述一样， Paul 先生也对荷兰能举行此次会议感到骄傲："这是一件重任，总有人要担负，我们有能力有资格担负是我们的骄傲。"但作为学者， Paul 先生认为国际社会在广义核安全上的合作进展依然很缓慢："这可以理解，对于所有国家而言，核都是一个很敏感的问题。而且对于大多数国家而言，核安全是一个国家的内政而不是国际问题。要想在这个领域达成一致，需要世界各国领导人的战略眼光以及政府间核工业的透明合作。" 所以核安全依然有很长的路要走。"所以我们也可以看到，过去的两届峰会中，合作的进展很缓慢——但可以理解，领导人峰会需要的是效果（effectiveness）而不是效率（efficient），能推动各国的核安全法律法规建设以及倡议核安全合作已经很不易了。"

最后 Paul 先生向记者表示，要推动国家的核安全事业，需要每个人的参与。媒体需要唤起民众的兴趣，表达民众的意愿， NGO 和学术组织要同政府合作。从福岛核电站事故可以看出，核安全离你我并不遥远，切实关系着你我他。

（三）专家访谈：中国积极参与全球核安全治理[1]

外交部发言人秦刚 14 日宣布，应荷兰王国首相吕特邀请，国家主席习近平将于 3 月 24 日至 25 日出席在荷兰海牙举行的第三届核安全峰会。专家认为，去年以来，中国新一届领导人就大国关系、周边外交、全球经济治理等重要问题阐述了观点立场。此次习近平主席首次出席大型国际安全会议，中国在安全问题上的声音令人关注。

【海牙峰会：展示成效 继续前行】

中国军控与裁军协会秘书长陈凯认为，现在的情况是国际上缺乏一个普遍适用的核安全机制，核安全机制应是峰会讨论的一个重点。中国可能在这次峰会提出一些既有中国特色、又能推动国际合作的主张。中国人民大学国关学院副院长金灿荣说，希望本届峰会能够取得实实在在的成果，在防止核事故和核扩散等方面推进共

1 2014 年 3 月 15 日 摘自新华网。

识。“作为全球在建核电规模最大的国家，中国会倡议与会方分享借鉴相关经验，减少核事故发生概率。中国历来支持反恐，将继续高调倡导反对核恐怖主义。”金灿荣说。中国原子能科学研究院研究员赵永刚表示，参加本次会议显示了中国新一届国家领导人对核安全问题的重视，核安全是保证这种绿色能源正常利用的一个必要前提。

【中国向核安全峰会亮成绩单】

“中美核安保示范中心建成后可以向世界各国，尤其是东南亚国家示范核安保技术，培训核安保人员，这需要场地、资金投入，是中国政府一个实实在在的贡献。”核安保技术中心顾问诸旭辉说。他表示，中国核安保技术中心已正式运转，对核安保技术研究也达到国际先进水平。中国原子能科学研究院已研究并生产出便携设备用于检测核材料，人性化且准确率极高。这对于发现核恐怖主义来源，威慑恐怖主义将起到重要作用。

【后峰会时代：核安保任重道远】

诸旭辉说，全球核材料相当多，控制在每一个国家手里。核安全要求各国切实承担起责任，有效保证核材料和核设施安全，防止恐怖分子攻击，防止核信息和技术外泄。过去数年来，国际社会从未停止加强核安全、打击核恐怖主义的努力，先后达成了《核材料实物保护公约》及其修订案、《制止核恐怖行为国际公约》等相关法律文件。《制止核恐怖行为国际公约》已于2007年生效，《核材料实物保护公约》修订案仍需要足够多的缔约国批准方可生效。赵永刚认为，两个公约都是核不扩散机制的重要组成部分，在公约框架下各国间合作还是比较活跃的，尤其是在当下反恐成为重要议题的背景下。在中国，放射性污染防治法开创了依法治核的新起点。但目前中国在核与辐射安全领域仅有这一部法律，有关规范原子能利用行为和核安全行为的法律仍处于空白。“中国正积极准备同国际接轨，我国的原子能法正在起草中，但还是需要一个过程。”赵永刚说。在陈凯看来，发达国家在本国核安全建设方面经验相对丰富，但核安全标准的制定还要充分考虑发展中国家自身的具体情况。今后如何建立一个“有效、现实、可行、公平合理”的核安全标准，是一个值得思考的问题。

（四）政协委员潘庆林：核电安全需要公开透明[1]

十二届全国政协委员潘庆林今年针对核安全问题，提交了“关于核电站建立独

1 2014年3月14日 摘自每日经济新闻网。

立的安全监督委员会”的提案。潘庆林在接受《每日经济新闻》记者采访时称，国家建设核电站，一定要防患于未然，预防核事故，应当成立独立的安全监督委员会，并定期发布相关信息，中国的核安全必须向人民公开透明。潘庆林在提案中认为，火电和水电发电会对环境造成不利影响，预示核电站的建设与发展，成了应有的选项，甚至是当务之急。

【建议成立安全监督委员会】

潘庆林认为，如果想用核电站发展代替火电站，一定要向全国人民做出一套有关核安全的规章制度，并且在核电站的安全问题上要公开透明。针对核安全的信息公开，2011 年，环保部连续发布《环境保护部（国家核安全局）核与辐射安全监管信息公开方案（试行）》和《关于加强核电厂核与辐射安全信息公开的通知》，要求政府和核电站需要主动及时地公开包括核辐射数据、核事故在内的核电站安全信息。然而，潘庆林认为，目前来看，我国核电站的监管安全信息公开的程度并不高，核安全不仅仅是需要技术研发上的成功，还需要不断试验成熟，最后才能应用取得成果。“国内的核电站肯定会出问题，（如果）我们的核设施不公开透明。”潘庆林说。他在提案中建议，对每个已经上马投产的核电站项目，要成立独立的“安全监督委员会”，必须独立于核电站本身以及上级主管部门，从体制上改变那种在本系统内自己立项、自己建设、自己发电、自己监管的状况。该委员会的组成成员应由专家（包括外国专家）和民众推举产生。同时，潘庆林认为，应定期发布核电站的安全公报，不但要独立，而且要做到公开透明，每个核电站在每月、每季度、每年的安全状态，都能在网上查到。一有问题，立即采取措施，防范于未然。潘庆林说:“建立包括独立的安全监督委员会在内的一整套安全体制，不仅十分必要，而且义不容辞。”

（五）加快完善核安全监管体系，建议出台《核安全法》[1]

国家核安全局核安全监管一司政策与技术处处长扈黎光日前在首届中法核电经验交流研讨会上表示，我国已经建立起一整套核安全监管体系，但该体系的完善关键在《核安全法》。根据全国人大立法计划，该法 2017—2018 年有望出台。

【核安全立法有其必要】

据扈黎光介绍，我国借鉴或采用国际原子能机构（IAEA）的安全标准，建立了核与辐射安全法规体系，既与国际接轨，又符合中国国情。这个体系覆盖了核安

1　2014 年 7 月 4 日摘自中国能源报。

全、辐射安全、辐射环境和核安全设备等领域。

核安全法规体系目前包括一部法律、七部法规、二十七部部门规章以及八十九部导则。法律即《放射性污染防治法》，法规包括《民用核设施安全监督管理条例》、《核电厂核事故应急管理条例》、《核材料管制条例》、《民用核安全设备监督管理条例》、《放射性物品运输安全管理条例》、《放射性同位素与射线装置安全和防护条例》和《放射性废物安全管理条例》。在所涵盖的内容上，核安全法规体系目前有十个系列，包括通用系列、核动力厂系列、研究堆系列、燃料循环系列、放射性废物管理系列、核材料管制系列等。体系虽已建立，但不足凸显。

"《放射性污染防治法》除了以环保视角看核安全外，没有提到核安全监管当局的法律地位。而且该法是十年前出台的，只有原则性条款而缺乏技术性规定，如独立监督、质量保证、纵深防御、公众参与及信息透明等，都无规定。"扈黎光说。而扈黎光所言的技术性规定，眼下正是核安全所面临的重点核心问题，《放射性污染防治法》无法做出说明。此外，《核安全法》构建的方法是以现有法律为基础，与 IAEA 接轨，同时考虑国际上的实践。既然以现有法律为基础，且可能在某些环节与现有法律重复，《核安全法》其存在的必要性如何体现？扈黎光认为，中国有必要制定《核安全法》。从功效上看，有一部《核安全法》，有利于公众对核电的接受。而从专业视角看，首先对整个核安全监管体系的完整性和稳固性有益；其次，日常工作中存在对制度或者概念的分歧，《核安全法》立法中将找到共识，有利于更准确理解法规政策；第三，对核安全水平的升级换代奠定一定的基础，可以更好优化核安全监管体系。就《核安全法》的范围，扈黎光表示，其要涵盖核安全所有的领域，但在涵盖中要与现有法律进行一定的清理和划分。"现有法律已经有规定就不再重复立法，如分析《放射性污染防治法》后，认为放射源虽然也是核安全的一部分，但前者已有，《核安全法》就不再涉及。此外，跟未来法律也要进行划分，如尽量不把《原子能法》涉及的写进去，如核损害赔偿内容。"

【现有核法律重新定位】

未来《原子能法》、《放射性污染防治法》及《核安全法》将同时出现，各法的定位及关系如何处理？据了解，在核法律体系设置问题上，根据国际原子能机构核法律体系的框架，核法律分为两种类型，一个是由多个并列的法律构成了核法律体系的层次，如法国、日本和韩国模式；另外一个是综合性的、覆盖广泛的一部法律作为法规体系的最高层次，如美国和俄罗斯的《原子能法》。

未来我国在核法律体系上如何设置？是多部法律并行还是一部法律综合？扈

黎光介绍，综合的模式往往是早期发展核电的国家，一度用一部《原子能法》代替了很多核安全方面的要求，我国也曾经考虑这种方式。1984 年国家核安全局成立时，就曾主导建设《原子能法》，但该法制定难度大。2003 年《放射性污染防治法》颁布，我国就先有了一部跟环境和安全有关的法律。“整个核法规体系的构建要以这样的现实为基础，也就是说中国可能从 2003 年开始就不能再走用一部《原子能法》代替所有法律的老路，因此现在新的顶层设计比较现实的考虑是，要有一部《核安全法》和一部《原子能法》，加上《放射性污染防治法》，三部法律构建我国核法律体系的最上层。”三部法律同时存在，该如何划分并处理好关系？“要对现有的法律进行重新定位。”扈黎光表示。他认为，《放射性污染防治法》是一部以环境的视角看核安全的法律，而《核安全法》的视角就是核安全。只有关涉安全的法律虽然也符合 IAEA 的要求，但是关涉发展的法律是缺位的。所以要考虑核电发展，就要有《原子能法》。核电发展受政策影响比较大，发展方针、规模及规划有过一些变化。如果能有一部管发展的法律《原子能法》把体制机制固定下来，让政策形成稳定性，保障核电稳妥发展，也有利于核电安全。

（六）徐銖：2028 年中国将建成 6 个快堆进入商用阶段[1]

7 月 18 日，徐銖院士“压轴”出席 2014 中国科协夏季科学展最后一场科普讲座，他以《核能可持续发展的关键——快堆》为题，向在座听众分享了我国实验快堆的建设发展概况以及他与快堆的故事。

据徐銖介绍，“快堆”与前几代核能系统相比，能增殖易裂变核燃料、安全性好、废料少，具有保证核能可持续发展的特征，可谓优势非常明显。尽管我国发展快堆晚于一些发达国家，但通过学习和改进，我们在管理方式方法、安全性上都有大幅度提高。

当前，核能作为清洁能源备受世人关注，然而快堆的发展却步履维艰。徐銖说，快堆经过大半个世纪的发展仍停留在实验堆的基础上，“发展过程很慢，一是技术难题要解决，二是安全性能问题要解决，所以到今天为止，快堆还未发展到商用阶段”。

徐銖表示，快堆的中子速度是热中子堆的一千倍，平均能量是热中子堆的 100 万倍；相比传统核电技术来说，快堆不仅可以使铀资源利用率从大约 1% 提高至

1　2014 年 7 月 21 日摘自光明科技。

60%以上，也能使核废料产生量得到最大程度的降低，实现放射性废物最小化。

"每6.2个年头，实验快堆呈阶梯式增长发展，"徐銤预计，中国有望最快在2028年建成六个大的快堆，这个实验过程很漫长，到时候就能够正式对外推广和商用。到21世纪70年代至80年代，快堆建成后将实现"电量包干"。

"首先发展增殖堆的国家将在原子能事业中得到巨大的竞争利益，会建增殖堆的国家实际上已经永远解决了能源问题。"徐銤这样告诉记者，2020年前，我们国家连一个大的增殖易裂变核反应堆都没有，这个过程很漫长，但是不发展又不行。"这种正规的清洁能源和风能、太阳能不同，比如说，风机不停转动就会影响庄稼——因为鸟类不来的话，虫害就会很多。"

（七）欧盟核安全新指令详解，监管能力比设施更重要[1]

此次欧盟出于什么考虑提出了新的核安全指令？此次新指令"加强了成员国监管机构的权力和独立性"，为什么要强调这一点？

柴国旱：实际上还是在吸取福岛事故经验与教训的基础上做出的考虑，欧盟就这个问题已经讨论了很长时间。因为在福岛事故之前，日本的核安全监管机构不是独立的，这也是福岛事故后国际社会对日本诟病最多的一点。因此，加强核安全监管机构的独立性是大势所趋。加强独立性，一方面指的是加强核安全监管机构的独立性，另一方面更重要的是决策上的独立性。以前更多的是强调监管机构的独立，这次则更强调监管机构在行政决策上的独立性，也就是说，在决策过程中不应受到过度的影响，比如受到利益相关方、社会团体、私人企业等的影响。

欧盟一系列新的核安全指令对我国有什么启示意义？

柴国旱：首先，目前国内也在起草一些核安全相关的法律法规的文件，但是由于国内技术争论还比较大，很多方面还没达成共识。这次欧盟发布了新的指令后，在某些方面可以更好地促进国内达成共识。其次可以给一些相关的核安全法律法规工作提供参考。比如安全目标，信息公开、透明，这些内容都是要在核安全法里体现的，我国在考虑这些问题时，可以参考这次欧盟新的核安全指令。同时，欧盟至少每10年一次的评估我们也可以借鉴。除了开展一些国际上的同行评估，我国也可以与相邻国家之间开展同行评估。这些行动一方面可以提升我国的核安全能力，另一方面也能加快国家之间达成共识与信任，有利于核安全的健康发展。此

1 2014年7月25日摘自中国环境报。

外，我国的核安全管理体制也有待进一步优化。

此次的新指令提出“在核设施建立之前进行首次安全评估，之后定期进行安全评估，至少每10年重新评估核设施安全性”。这一评估的具体内容和重点是什么？ 10年进行一次评估是否周期过长？

柴国旱：以前的定期审查多是强调核设施的定期安全评估，实际上此次更强调对核安全监管机构的监管能力和监管体系的审查评估。随着核技术的不断更新与发展，各国核安全监管机构是否有能力胜任监管工作，相关的人员、财政预算等能否满足工作需要，核安全监管体系是否满足欧盟的相关要求都是审查的重点。

新的指令强调“加强成员国紧急预警和反应系统一致性”。这一点有什么意义？对我国有什么启示？

柴国旱：这里其实主要是强调欧盟内部国与国之间的应急合作，也就是核电厂外应急。由于欧盟各国对待核电的态度不同，如果国家之间无法在应急方面达成一致，将影响成员国对核能的开发利用，也会对核安全造成极大的影响。因此，此次新的核安全指令专门提到了应急时核电厂所在地要跟所有相关组织和国家进行协调。实际上，在我国省与省之间也可能存在类似的问题，尤其是内陆核电站。由于内陆核电站一般都建在省与省之间的边界地带，那么应急计划区就不应该只在一个省内。但是目前我们提到的应急准备一般是指核电厂所在地，其实对于边界地带的核电厂而言，邻省也要有相应的应急组织机构和应急准备。工作怎么开展，经费从何而来？这是个问题。

此次欧盟新的核安全指令针对核安全信息的公开与公众知情权也有专门的强调，其中提到“增加透明度，保证公众可以获得有关信息”。在您看来，这一点会如何落实？

柴国旱：这次专门提及增加透明度的问题也显示了欧盟对这一问题的重视。欧盟认为，增加透明度，可以促进核电安全，也可以增加公众对核电安全的信心。实际上，这里的核安全透明已经不是简单地指核安全信息公开和公众宣传，是比这个更高一级的说法。

实际上，保障核安全透明一方面是对公众的公开与透明；另一方面也是由于欧洲国家相对较小且密集，很多核电厂都是建在国与国之间的边境线上，而不同国家对发展核电的态度是不同的，因此，邻国之间的核安全信息透明也显得尤为重要。此次欧盟新的核安全指令强调了这一点，以后欧盟各国可能也会朝着这个趋势发展。

（八）叶奇蓁：为核电站周边提供经济利益需政策依据[1]

中国电力报：很多人都认为邻避问题是个死结，看来您不这样认为。

叶奇蓁：对，我认为邻避问题是可以解决的。一方面，核电企业要加强和社会的沟通，政府和第三方机构也要加强对核电的了解和对社会进行引导。人类总是对未知事物存在恐惧，就像远古时期对于火的恐惧一样，但随着对于火的认识加深，纵使现在火灾仍然是威胁人身财产安全的重要问题，因为了解，人们也不怕了。

中国电力报：但是有一个问题，我对于核电还是有一定的了解的，但我还是不希望核电站建在我家附近，因为这不会给我带来任何好处还会有一点危险，哪怕这种危险的概率和陨石撞击差不多。

叶奇蓁：除了很好的沟通之外，我认为最重要的是一个经济的考量。正如你所说，核电站建在你家附近对周围的人生活不会带来任何好处的话，是不可能欢迎核电站的。其实不仅仅是核电站，如果没有好处，建一个修理厂附近的居民也不会高兴。所以对于核电站周边来说，一定要设计好利益分配问题。国外的核电企业一般都会有这样的利益分配，比如日本的核电站会给周边地区提供免费的水电等。

但是目前我们国家没有相关的政策来给核电企业设计和周边地区利益共享提供依据，因为核电企业都是国企，利润是要上缴的。虽然其实拿出部分利润来给附近居民进行利益均沾的钱并不多，但是核电企业没有这个权限。据我了解，目前一些核电企业对周边进行捐助，一般都是企业职工的捐款，这并不是解决问题的最好办法，还是需要政府有一个细致的政策，包括如何监管专款专用，如何设计额度等等。其实建一个核电站对于地方的社会经济发展是很有好处的，比如秦山核电的所在地海盐，建了核电站之后当地的教育投入就大大提高了。因为每个企业都会缴一个教育税，核电作为纳税大户缴的教育税是很可观的，但是这都不是直接体现的，所以很多居民不了解，进而不接受。因此，政府和核电企业都有很多工作要做。

（九）工程院院士杜祥琬：中国的核电不是多而是少[2]

中国工程院院士、原副院长、国家气候变化专家委员会主任、北京大学核科学与技术研究院院长杜祥琬上周五（19 日）在北京洪堡论坛接受央广网财经记者采

1 2014 年 8 月 13 日摘自中电新闻网。

2 2014 年 9 月 22 日摘自中国新闻网。

访时表示，我国核电不是多而是少，目前只占全国电力的2%。

杜祥琬指出我国目前有19个核反应堆，才占了全国电力的2%，我国核电不是多而是少。对于大家都关心的核安全问题，杜祥琬对央广网财经记者表示，认真分析下国际的核事故，可以在技术和管理上齐下手，把核电搞得更安全。

【电源是煤，用电等于用煤】

目前我国新能源仍以电力为主，杜祥琬分析称只有电的来源清洁化，电动汽车、新能源汽车才有意义，他建议一方面推动电动汽车的技术，另一方面要把电源变成非化石能源，如果电源是煤，用电就等于用煤，要把电源绿色化。

杜祥琬指出煤炭在我国能源结构中的比例高达70%，其中直接燃烧的比例超过一半，最为污染。他建议煤炭本身洁净高效利用，另外要把可再生能源、核电、天然气这三匹马的比例逐渐地增高。

【新《环保法》或将突破"违法成本低"现状】

新《环保法》即将于明年1月1日起实施，被誉为"史上最严"的环保法，其中明确环境监察机构的法律地位、按日计罚不封顶、针对雾霾环境信息标准统一化、设立"黑名单"等多项新规首次确认和实施。

杜祥琬预计在新《环保法》实施过程中难以避开的难点是企业不肯做改造旧设备的投入，他对央广网财经记者表示企业不能只有盈利的观念，还应有社会责任和自觉的行动，如果企业不自觉，就要用法制使外部成本内部化，对环境造成的影响，需要外部成本受罚、承担责任，倒逼企业有社会责任，不能不达到标准。

杜祥琬表示，"违法成本低、守法成本高"的说法也有所耳闻，他提出环保一定要提到国家发展目标的前位，行政、法律、经济手段要形成组合拳，其中法制的手段不可少，特别对企业环保的标准，对企业的奖励、惩罚、责任的社会延伸，必须通过法制规范起来。

杜祥琬同时建议政府应该转变职能，定好标准、定好监管，不要操作项目，标准定好了大家按照标准办也是法制的一部分。

（十）王乃彦院士：大可不必谈"辐射"色变[1]

"许多人谈'辐射'色变，这是对其没有正确认识。"在近日举办的中国科协科学家与媒体面对面的活动上，中国科学院院士、中国核学会原理事长王乃彦说，"我

1　2014年10月14日摘自中国青年报。

们生活中每天都脱离不了辐射。”

他说，一个人1年受到的辐射剂量大概是两个毫希沃特。希沃特是辐射的剂量单位，一千分之一的希沃特是1毫希沃特。从北京到欧洲乘飞机一个来回受到0.02个毫希沃特，胸部做一次透视有0.3个毫希沃特，每天看两个小时电视则每年有0.01个毫希沃特。“‘福岛核事故’那些工人，最大的剂量是200毫希沃特左右。”王乃彦说，在注意做好防护和控制剂量的前提下，辐射是安全的。

如今的同位素和辐射技术实际上与我们“很近”，在工业、农业、环保、医学等方面已广泛应用。中国人民解放军总医院核医学科主任医师田嘉禾在活动当天说，“就是用‘核’这个东西，帮助医生准确地为每个患者定靶。”一个人的体内有60万亿细胞，每个细胞当中有90万亿的原子，想在当中找到一个靶，也就是某种疾病特定的分子，是非常困难的。而通过放射性标记物，可以标记出靶的位置和性状，为临床治疗提供依据，改善病人的临床。“这个价值已经被证实，还将继续被证实。”

（十一）俄原能副总裁谈“核电大一统”[1]

Kirill Komarov：俄罗斯原子能公司（Rosatom）副总裁，主管国际事务。

【谈俄式核电大一统】

我很难说中国内部只有一个核电公司究竟是好还是不好。当然Rosatom的全产业链优势在国际竞争中表现得很明显。最开始我们在俄罗斯建核电站，其后延伸到世界各地。世界各地的客户到俄罗斯看到我们是怎样建核电站和实际运转的机组究竟如何之后，才下定决心购买我们的核电站。Rosatom出色的表现，其实不是在福岛核事故之后，而是之前就已经体现出来了。

我认为我们表现出色不止是政治的原因，还有一个很重要的原因是我们有自己独特的核电技术，这是超越竞争对手的。Rosatom拥有上下游一体化的优势，电站从建造到设备供应到设计到燃料供应再到运营，各个环节Rosatom全程监控，保证质量。这就意味着Rosatom建造的核电站任何地方如果出现了问题，Rosatom都可以自己去解决，这是竞争对手做不到的。所以这也是白俄罗斯、孟加拉国对Rosatom非常感兴趣的原因。

无论是法国的还是美国的竞争对手，他们都没有全产业链的实力，在国际竞争中，我们对于核电站的报价都可以自己评估自己决定，而其他竞争对手可能需要与

1　2014年11月17日摘自财经网。

联合体中的伙伴讨论，这也是我们的优势。我们现在在全球有很多订单，具备了批量化生产的能力，特别是在新建电站的经验方面，我们实力雄厚。

（十二）国家核安全局副局长郭承站：完善监管确保核设备质量[1]

中国能源报：您曾表示核电的发展关键在于逐步完善并建立一套核安全监管制度，目前国内核安全监管制度是怎么样的？企业要如何加强安全质量管理工作？

郭承站：经过30年的探索和实践，我国已经建立了一套与国际社会良好实践接轨并符合我国监管工作实际的法规制度体系。法规体系主要包括一部法律、七部条例、二十七部部门规章以及八十九部导则；制度体系主要包括许可证制度、监督检查制度、核事故应急管理制度、辐射环境管理制度和人员资质管理制度等五大组成部分，这些制度基本实现了对核安全监管各个环节的覆盖。当然，确保核电的安全发展还需各核电企业持续强化核安全工作，确保核电机组运行安全，保障建造机组质量。因此，我认为企业在加强安全质量管理上应主要做到以下几点：一是全面坚持“安全第一、质量第一”的根本方针；二是全面建立健全规章制度；三是全面落实质量保证体系；四是全面落实质量安全责任；五是全面加强核安全文化建设，强化全体人员意识；六是全面反馈经验教训。

中国能源报：您如何看待核设备质量与加快国产化进程及核电安全之间的关系？对联合研发中心在推进核设备质量方面有何期许？

郭承站：首先，核安全是核电事业发展的生命线，保障核安全是实现核电事业健康可持续发展的前提和基础。今年召开的中央国家安全委员会第一次会议上，习近平总书记首次提出“总体国家安全观”概念。核安全作为一种非传统安全，对生态安全和“总体国家安全”等都有重要的影响，因此要保证国家安全就必须确保核安全。

其次，核设备是核电厂安全防护的核心，是纵深防御的基础，是确保核电厂建造质量和运行安全的关键。因此，保障核电安全首先要确保核设备安全，这是全体核设备从业人员的共同责任。

目前中国核电需要加快国产化进程，尤其重要的是真正掌握关键技术、关键材料，这样才能实现真正意义上的国产化。在国产化路上要重视经验反馈，核安全意识更不可淡薄，不能只追求速度，要认识到“慢”就是快，稳就是快，企业要稳扎稳

1 2014年12月18日摘自中国能源报。

打，一步一个脚印，我相信这对国产化会起到积极推进的作用。

最后，我希望联合研发中心继续发挥平台作用和资源优势，结合国家核安全局核安全文化宣贯推进专项行动，在促进核电设备供应商提升核安全文化、提高技术研发能力、完善质量保证体系、强化质量管理、加强经验反馈等方面做出更多的贡献。

此次会议的召开对企业间共享经验技术、促进交流是有积极意义的。据我了解，目前联合研发中心已经发展成为成员单位之间合作交流的重要纽带和沟通桥梁，为推动核电设备国产化，促进国产设备在核电工程上的实际应用也发挥了应有的作用。

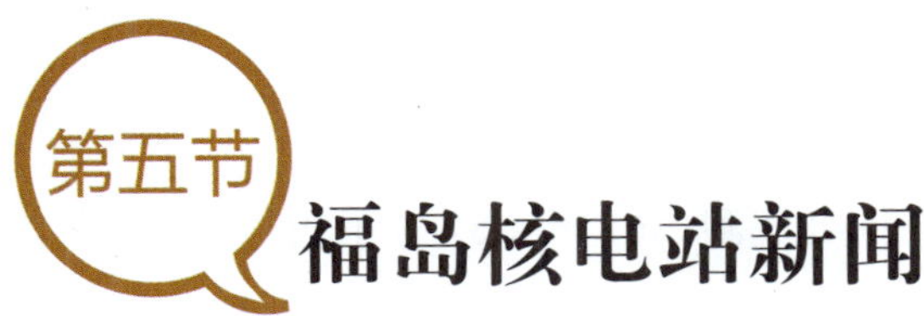

第五节 福岛核电站新闻

（一）日核电安全审查或耗时更长，核电站重启时间待定[1]

按照规定，日本的核电机组在重新启动前必须经过政府的安全审查。日本政府吸取了3年前的核电事故的经验教训，制定了管制新标准，安全审查依照这个新标准进行。安全审查工作到1月中旬将满半年。

据报道，按照起初的预测，安全审查将耗时半年，不过，在地震规模设想这一重要审查项目中，尚没有一个核电机组合格，因此，安全审查仍将耗费更多时间，核电站的重启时间尚无法预期。

吸取了东京电力公司福岛第一核电站事故的经验教训，日本原子能管制委员会2012年7月出台了原子能管制新标准，首次规定各核电站有义务采取措施防范重大核电事故。目前已经申请安全检查的共有7个电力公司的9座核电站。迄今为止，原子能管制委员会已经召开了65次审查会议，按照新标准对各核电机组进行审核。从审查工作启动之初便参与的核电站共有6座，按照计划，这些核电站须

1　2014年1月2日摘自网易新闻。

在去年年底之前提交安全审查必需的全部共27项材料，但没有一家电力公司按期提交。

另外，对地震规模的设想是审核核电机组抗震性能的标准，是重要的审查项目，但各核电站在抗震措施上均没有改变以往的设想，在这项审核中没有机组合格。

为此，原子能管制委员会需要对率先开始接受安全审查的6座核电站进行安全检查，确认对核电安全有着举足轻重的作用的核反应堆能否抵御强震，但这项工作尚未展开，因此，预计安全审查所需的时间要比当初预想的“半年”更长。

(二)新年伊始福岛核电站地下水放射性氚上升10倍[1]

据日本新闻网报道，东京电力公司1月6日发表消息，称2013年12月29日在泄漏300吨污染水的储存罐附近的观察用水井中，发现每升34万贝克勒尔的放射性氚。与28日的检测相比浓度上升了10倍之多。

另外，从12月30日到1月4日在同处观测到每升水37万至45万贝克勒尔放射性氚。东京电力公司认为是受地下水影响，导致浓度升高。

日本福岛第一核电站在2011年“3·11”大地震和海啸中发生严重辐射泄漏，尽管事后处理工作继续，依旧状况百出，连续发生辐射污水泄漏入海事件，污染可能扩散至地下深层。

日本首相安倍晋三曾为东京申办2020年奥运会作最后陈述时，声称污水泄漏“得到控制”。

(三)东电将清理福岛地下隧道，阻止核辐射污染地下水[2]

据外媒7日报道，日本东京电力公司计划开始清理福岛的地下管道。这些隧道被认为是污染当地地下水的放射性物质的来源。

报道称，东京电力公司将先阻止受污染的水从福岛核电站流向地下管道。在1月份，工人们将开始把用来输送制冷剂的管道埋入地下。到4月份，按计划就可以开始从地下管道中排出受污染的水。

去年12月，东电称在福岛第一核电站发现了新的泄漏点，据估计总共泄漏了

---

1 2014年1月6日摘自中国新闻网。

2 2014年1月7日摘自中国新闻网。

超过 2 吨的污染水。

而今年 1 月 6 日，东京电力公司发表消息，称 2013 年 12 月 29 日在泄漏 300 吨污染水的储存罐附近的观察用水井中，发现每升 34 万贝克勒尔的放射性氚。与 28 日的检测相比浓度上升了 10 倍之多。

日本福岛第一核电站在 2011 年“3•11”大地震和海啸中发生严重辐射泄漏，尽管事后处理工作继续，依旧状况百出，连续发生辐射污水泄漏入海事件，污染可能扩散至地下深层。

日本首相安倍晋三曾为东京申办 2020 年奥运会作最后陈述时，声称污水泄漏“得到控制”。

（四）日本福岛第一核电站周边新增 369 处辐射监测点 [1]

日本原子能规制厅 9 日透露，已在东京电力公司福岛第一核电站周边的福岛县 12 个市町村新设置了 369 处空间辐射量监测装置。加上之前设置完毕的 446 处，辐射量监测点已增至 815 个。增设的装置将从 10 日起投入使用，原子能规制厅官网每 10 分钟将更新一次监测数据。

（五）日本福岛核电站水井检出迄今为止最高污染值 [2]

日本福岛第一核电站的地下水污染问题越来越严重，东京电力公司 11 日承认，靠近海岸的水井中，检测出迄今为止最高的污染数值，地下水的放射性锶的含量达到每公升 220 万贝克勒尔，比去年 12 月检测出的 210 万贝克勒尔高出 10 万贝克勒尔。

东京电力公司称，这口检测用的水井位于第 2 号反应堆附近，距离海堤 40 米。检测结果显示，放射性铯的含量很低，但是放射性锶的含量创下了最高值。浓度上升的原因，目前还不明了

（六）日本福岛核电站围堰内 50 吨积水外泄 [3]

据日本《朝日新闻》报道，日本东京电力公司 12 日发布消息称，福岛第一核电

1　2013 年 1 月 9 日 摘自中国新闻网。

2　2014 年 1 月 12 日摘自中国新闻网。

3　2014 年 1 月 13 日 摘自网易新闻。

站环绕核污水储罐的围堰内发生了积水泄漏。大约50吨水从混凝土地基的接缝处渗入到周边土壤。不过，核污水储罐本身的水位没有变化，也没有发现新的漏水点。东电认为漏出的水是围堰内积存的雨水。

据东电透露，发生漏水的区域是G4南区。12日上午9时许，工作人员在巡视中发现围堰内的水位由前一天的7厘米降到了3厘米。随后发现涂在地基接缝处的树脂防水材料发生部分脱落。

通过检测围堰内的积水，发现放射性铯浓度未达到临界值上限，放射性锶浓度为每升5.9贝克勒尔。东电公司已重新涂上防水材料，漏水已得到控制。

（七）旧金山海岸遭福岛核辐射污染？[1]

“今日俄罗斯”网站称，一段视频中，一名男子在美国旧金山市附近的海滩上，拿盖革计数器测得高达安全值5倍的辐射量数值。该视频内容引起了网友和旧金山市居民的极大关注，人们怀疑2011年3月，日本福岛核泄漏的废料可能已经到达太平洋的另一侧。

（八）日本决定接受国际原子能机构调查[2]

据NHK报道，日本核能安全主管部门原子力规制委员会15日决定接受国际原子能机构（IAEA）调查团对日本核能安全状况进行调查。调查开始的时间可能在今年年底或是明年春天，具体调查项目将在与国际原子能机构协商后确定。

东日本大地震导致的福岛第一核电站核事故引发对于日本核能安全的关注，同时也有意见指出日本核能设施在应对恐怖袭击方面有不足之处，需对核能设施内工作人员的个人信息进行更为充分的确认。

日本原子力规制委员会负责这一事务的委员大岛贤三称：“为了强化核能安全管理，有必要听取来自海外的意见，并加以改善。”

（九）福岛第一核电站观测井放射性物质浓度再创新高[3]

日本东京电力公司17日宣布，从福岛第一核电站靠近大海一侧的观测井中，

---

1 2013年1月15日 摘自青年参考。

2 2014年1月16日 摘自中国新闻网。

3 2014年1月17日 摘自新华网。

检测发现锶90等释放贝塔射线的放射性物质浓度达到每升270万贝克勒尔，创开始检测以来的最高值。

本次检测的井水是16日采集的。此前放射性物质浓度的最高值是每升240万贝克勒尔，是13日从同一口水井采集的样本中检测出的。去年12月26日采集的样本是每升210万贝克勒尔，本月9日采集的样本是每升220万贝克勒尔，这显示放射性物质的浓度一直在持续上升。

这口观测井位于二号机组东侧，2011年3月日本大地震导致福岛核事故发生后，在观测井附近的作业通道（即设有电缆的地下通道）内，曾积存有大量浓度极高的放射性污水。

（十）福岛核电站一核反应堆发生放射性液体泄漏事故[1]

东京电力公司福岛第一核电站3号核反应堆日前发生不明液体泄漏事故。经初步判断，该液体极有可能为防止堆芯熔融而注入的冷却水，放射物质浓度含量极高。

据报道，1月18日起，3号反应堆车间中一层地板上渗出面积为30平方厘米左右的液体。由监控器拍摄到的画面看来，这种疑似冷却水还在持续流出中。从东电公布的调查结果来看，1升冷却水的放射性浓度相当于β射线放射源锶所能放出的2 400万贝可勒尔或铯-137所放出的170万贝可勒尔，危险度极高。冷却水的温度约为20度，这与核反应堆底部的温度大致相同。由于温度低于地下的污染水，东电判断其为核反应堆外壳中推出的冷却液体。

目前，东电正进一步调查详细情况。

（十一）福岛第一核电站工作人员作业时遭内部辐射[2]

在福岛第一核电站2号反应炉作业的一名50岁男性员工，因为粘黏在口罩上的胶带脱落而被内部辐射。据日本《读卖新闻》消息，这是该员工第一次在核电站内部实施作业。当时他正从反应炉中向外搬运器材，全身防辐射工作非常严密，不但身穿防护服，头戴全面防护口罩，还用胶带将可能会透气的地方封死。然而在作业过程中，他自行用手撕开胶带擦拭防护口罩上的朦雾导致被辐射。

1　2014年1月20日 摘自环球网。

2　2014年1月21日 摘自环球网。

经检查该男性左脸与唇舌上都粘有放射性物质，体内也有部分物质进入。当时作业现场的放射线量为每小时 4 毫希沃特。

（十二）日本福岛县楢叶町拒绝存放高放射性废弃物[1]

据日本共同社报道，27 日，就建造暂存设施以临时存放福岛核事故去污工作中产生的废弃物，日本政府提出建造候选地——福岛县楢叶町的町长松本幸英向福岛县知事佐藤雄平表示，拒绝接收放射性活度为每公斤 10 万贝克勒尔以上的废弃物，并要求“重新考虑设施的建造事宜”。

中央政府表示，暂存设施中将存放福岛县所有的土壤和草木，以及放射性活度为每公斤 10 万贝克勒尔以上的焚烧灰和污泥，但楢叶町不同意将高放射性废弃物搬进当地。松本町长在福岛县政府同佐藤知事会面，表示楢叶町是以仅存放放射性活度为每公斤 10 万贝克勒尔以下，且在町内产生的废弃物为前提接受当地调查。

因此，日本政府与楢叶町的想法有较大差距，希望由县政府出面要求中央政府重新考虑。佐藤表示“会认真对待”这一要求，将研究如何应对。日本政府计划把楢叶町、第一核电站所在的大熊町和双叶町的约 19 平方公里土地收归国有。

（十三）日福岛县多名儿童患甲状腺癌，疑与福岛事故相关[2]

负责调查福岛核事故中核辐射影响的福岛县“县民健康管理调查”讨论委员会当天在福岛市召开会议。该会议公布的报告称，又有 7 名儿童被确诊患有甲状腺癌，确诊人数从去年 11 月的 26 人增至 33 人。此外，疑似患癌症的儿童数量也由上次的 32 人增至 42 人。该委员会专家称，目前难以断定癌症与福岛核事故存在因果关系。

（十四）福岛核电站再度检出放射性铯，浓度创新高[3]

福岛第一核电站港湾外海水的放射性铯 -137 浓度达到每升 1.6 贝克勒尔，创新的最高值，也是自 8 月开始检测以来第二次检测出这类物质。这表明放射性污

1 2014 年 1 月 27 日 摘自网易新闻。

2 2014 年 2 月 9 日 摘自中国新闻网。

3 2014 年 2 月 13 日 摘自环球网。

染可能在继续向外海扩散。

（十五）日本福岛核电站围堰7处漏水，可能已渗入土壤[1]

日本福岛第一核电站工作人员16日在4号机组靠山一侧的核污水储水罐围堰上先后发现7处漏水点，东京电力公司正在调查漏水原因。

本次泄漏水量最高约为19.2吨，可能已渗入周围土壤。工作人员对围堰内剩余的核污水进行检测，结果显示放射性锶-90的浓度为每升23贝克勒尔。虽然这一数值低于日本政府规定的海洋排污标准，却相当于福岛第一核电站必须遵守的围堰排污标准的2.3倍。

（十六）福岛核电站再发生严重泄漏事故，东电发声降调[2]

日本福岛核电站运营方日前透露称，该电站总重达百吨的高污染重水已从储槽中泄漏，这是去年8月福岛核电站一系列放射性重水泄漏引发国际警报后最严重的事件。

日本东京电力公司在接受记者采访时称，最新的重水泄漏"不太可能"抵达海洋。然而2011年地震与海啸后，核泄漏和此后一连串的事故及信息披露问题严重损害了东电的公信力。

据悉，这次泄漏的等级几乎已经和去年200吨重水泄漏事件的等级持平，被外界视作一场"严重的灾难"，已经达到了国际放射性泄漏七个等级中的第三等级。

（十七）日本福岛第一核电站乏燃料池冷却系统发生故障[3]

福岛第一核电站4号机组乏燃料池的冷却系统一度停运了约4个半小时。东电目前正在进行将乏燃料棒转移至附近共用燃料池的作业，发生故障后作业一度中断。

故障原因是为4号机组乏燃料池冷却系统供应电力的电线在道路施工中受损，2套系统中有1套停止工作。为应对今后可能发生的故障，东电准备了柴油发电机。

---

1 2014年2月18日 摘自新华网。

2 2014年2月22日 摘自中国新闻网。

3 2014年2月25日 摘自网易新闻。

（十八）外交部：望日本在核电发展上取信于民让邻国放心[1]

中国外交部发言人秦刚在11日的例行记者会上就日本多地举行反核电大游行一事表示，中方希望日本政府能在核电发展上取信于民，让周边邻国放心。同时，中方敦促日本政府向国际社会说清解决日本核材料供需失衡的措施。

有记者问，今天是日本3•11大地震三周年纪念日。据报道，除3月9日在日本首相官邸前举行的3万人反核电大游行外，日本还将有超175个城市举行类似的游行。示威者强烈要求日本政府记取福岛核电站事故的教训，兑现“零核电”承诺。中方对此有何评论？

秦刚说，我们注意到有关事态的发展。对日本民众基于自身安全关切，要求政府彻查事故原因、实现“零核电”的诉求，我们表示理解。核能只有安全地发展，才能造福于人民。我们希望日本政府能倾听各方的呼声，彻查事故原因，向民众说清楚事故原因及解决措施，在核电发展上取信于民，让周边邻国放心。

秦刚表示，目前，日本大量囤积敏感核材料，不仅有钚，还有铀，远远超出自己实际正常需要。在此情况下，日政府如仓促重启核电站，是否会进一步加剧日本本已严重失衡的核材料供需水平？日方为什么要这样做？核材料只有供需平衡了，和平利用核能才不会有隐患。

秦刚指出，我们敦促日本政府以负责任的态度，正视国际社会的疑虑和关切，向国际社会说清解决上述问题的措施。唯其如此，才能消除核安全的隐患，避免出现核扩散灾难。

（十九）福岛核泄漏三周年业内人士：中国核电很安全[2]

三年前的福岛核泄漏事故让全世界民众谈核色变：核电是否安全？中国核工业建设集团公司总经理王寿君在接受中新社记者采访时表示，日本福岛核电站是二十世纪五六十年代建设的核电站，属于超期服役，本身就存在很大安全隐患。

福岛事故后，中国对在建及运营的核反应堆马上进行全面的安全检查、并暂停审批新的核电项目，加强对核电安全的预防力度。结论是，中国核安全标准全面采用国际原子能机构的安全标准，核安全法规标准体系与国际接轨。

“中国核电起步晚，都是80年代以后开始建设的，核电技术相对比较成熟，很

1 2014年3月11日摘自中国新闻网。

2 2014年3月11日摘自中国新闻网。

安全。”王寿君说。而中国新批准建设的核电站大多为第三代核反应堆，安全系数很高，“第四代核反应堆也在建设中，但规模较小，目前主要作为示范和验证作用，待技术成熟后再推广。”

从事核电工作20多年的中国广核集团有限公司董事长贺禹对记者说，安全高于一切，这是核电工作者永远坚守的底线。

作为中国两大核电集团之一的老总，贺禹在中广核的生产运营中，也吸取了福岛事故的一部分教训。他告诉记者，中广核按照短期、中期、长期三个时间段，梳理出针对在运、在建核电站的94项安全改进。截至2013年底，已完成42项。

“通过实施福岛核事故安全改进，中广核在运、在建机组与国际核电发达国家同类型机组相比达到了相当水平，完全具备了应对类似福岛核事故等极端事故的能力。”贺禹说。

在中国进行能源结构转型的压力下，核电发展迎来转机。2012年10月，国务院明确提出要恢复核电正常建设，中国一批在建核电站项目悄然复工。今年1月，国家能源局提出，适时启动核电重点项目审批，稳步推进沿海地区核电建设，做好内陆地区核电厂址保护。3月5日，国务院总理李克强在政府工作报告中也指出，要提高非化石能源发电比重，开工一批水电、核电项目。

就在今年全国两会上，国家能源局副局长王禹民表示，准备将内陆核电恢复起来，列入下个五年规划。此言引发争论，有网民质疑在中国人口密度颇高的内陆省份建核电厂的安全性。

对此，国核工程公司副总经理王明弹解释称，核电厂建在沿海地区和内陆地区在安全性上并无差别，目前中国的技术可以保障核电安全。“从国际现有的核电站来看，一半以上是建在内陆，比如法国、美国、俄罗斯、德国等。”

他进一步解释称，核电厂的选址主要取决于电力需求，中国计划将在湖南、湖北、江西、广西等内陆地区建设核电站，“这些地区的共性是一次能源比较匮乏。”

对于核电厂的环境安全要求，王明弹说，不管内地和沿海，所有核电厂周围都设有规划限制区，这些区域里不能有常住居民，且还要有完善的应急处理机制，以及医疗救助能力。

“对于核电企业来说，‘安全’永远是我们的‘安身之基，立命之本’。作为核电人，我们要敬畏核安全，守护核安全。”贺禹说。

全国政协委员、实验核物理学家沈文庆院士向记者透露，目前正在研发加速器驱动的反应堆系统，“未来如果研制成功后，能减少90%的核废料。长远来看，核电是解决人类能源需求的重要方法。”

（二十）福岛核电站再度检出放射性铯[1]

东京电力公司12日在对福岛第一核电站地下水污染进行调查时，从靠海一侧观测井采取的水样中检测出放射性铯，浓度创历史新高。东电公司发现该观测井中放射性铯浓度高出周围其他观测井，并正在对附近污水的泄漏点进行调查。据东电介绍，检测地点距福岛第一核电站二号机所在的港湾约50米，水样于12日采集，在同一调查地点检测出放射性铯-137浓度达每升5.4万贝克勒尔，铯-134浓度高达每升2.2万贝克勒尔，两者均创史上检测的最高值。据报道，从核电站排放铯-137的法定浓度标准是不超过每升90贝克勒尔，世界卫生组织指导的饮用水标准值是每升10贝克勒尔。而本次检测出的铯-137浓度已高达排放标准的600倍。

（二十一）东电核污水处理设备无法净水，污水或流遍21座储罐[2]

据日本共同社报道，东京电力公司19日发布消息称，福岛第一核电站核污水处理设备“多核素去除设备（ALPS）”发生了污水无法净化问题，高活度核污水或已流入21座存放ALPS净化后处理水的储罐。ALPS正在试运行阶段，原计划4月实现正式运行，但现状困难。据东电透露，经ALPS净化完毕的处理水被运至厂区南侧的“J1区”储罐群。由于21座储量达千吨的储罐相互连接，所以未净化污水可能已流遍21座储罐。现储罐中保管着约1.3万吨处理水，有必要重新净化。

（二十二）福岛核电站污水处理系统再出故障，污水异常浑浊[3]

东京电力公司福岛第一核电站继续发生故障，工作人员发现，25日才刚刚开始重新运行的污水处理设备ALPS，其处理中的污水异常浑浊，东电停止了其中一个系统的作业。25日东电结束污水处理设备ALPS的修复作业，再次运行其中2个（共3个）系统。但是，刚刚开始运行的A系统，于当地时间27日上午10点半左右，被发现用水泵输进处理系统的污染水异常发白、浑浊。东京电力公司停止A系统作业。

---

1 2014年3月14日 摘自北京商报。

2 2014年3月19日 摘自中国新闻网。

3 2014年3月27日 摘自中国新闻网。

（二十三）日本福岛第一核电站因下雨护围堤坝发生渗水现象[1]

受4月3日晚至4日清晨降雨的影响，在东京电力公司福岛第一核电站，护围在污水积存罐周围的堤坝水位上涨，两处堤坝中的积水漫溢到周边地带，东京电力公司正在对水中放射性物质浓度进行调查。此外，东京电力公司确认了从堤坝转移过来的污水水质后再进行排放，以此措施应对涨水问题。

（二十四）美国水兵福岛救灾遭辐射，向东电公司索赔10亿美元[2]

近80名参与福岛核灾救援的美国水兵，日前向营运福岛核电站的东京电力公司索赔10亿美元，原因是三年前其在福岛进行人道主义使命时，该公司刻意隐瞒了福岛地区核辐射的真正水平及危害。

（二十五）日本福岛第一核电站203吨污水发生误送[3]

日本东京电力公司14日宣布，由于福岛第一核电站有4台水泵错误启动，用于冷却反应堆的循环水流入核电站院内一座建筑物的地下室。这些污水约有203吨，其中部分水的铯放射性活度甚至高达每升3 700万贝克勒尔。

初步调查，造成本次事故的原因是，由于水泵错误启动，用于冷却反应堆内熔毁燃料的循环水流入了“焚烧工作室”的地下室。

（二十六）日本福岛第一核电站现放射氚，暂未查出原因[4]

东京电力公司1日宣布，福岛第一核电站港湾外的两个地点检测出了放射性氚。而此前，无论哪个地点，放射性氚的浓度都没有达到能检测出的最低限值。

据宣布，在离港湾出口东北约650米的地点，每升海水放射性氚浓度达到1.7贝克勒尔，以南约500米的地点，则为每升2.8贝克勒尔。

东京电力公司是对4月23日采集的海水进行分析后得出上述结果的，而向海洋排放放射性氚的法定标准是每升浓度低于6万贝克勒尔。东京电力公司指出：“由于数值非常低，所以还不能断定是放射性污水产生的影响。”

---

1 2014年4月5日摘自网易新闻。

2 2014年4月9日摘自人民网。

3 2014年4月15日摘自新华日报。

4 2014年5月3日摘自新华日报。

（二十七）东京附近发生里氏 6.0 级地震，福岛核电站未现异常[1]

据日本共同社报道，当地时间 5 日清晨 5 点 18 分左右，日本东京发生里氏 6.0 级地震。栃木、群马、埼玉、千叶、神奈川等周边各县也震感较强，从东北到关西等大范围地区出现不同程度摇晃。此次地震震中位于东京南边的伊豆大岛海域，震源深度约为 162 公里，地震不会引发海啸。日本政府在首相官邸的危机管理中心成立了信息联络室。据东京电力公司称，福岛核电站没有出现异常。

（二十八）福岛核电站事故现场工作人员首次起诉东京电力公司[2]

据《朝日新闻》报道，2011 年 3 月日本福岛第一核电站核事故发生时，因在现场进行抢修工作而遭受核辐射的一名 48 岁男子将东京电力公司等告上法院，要求支付 1 100 万日元损害赔偿金。据悉，这是福岛第一核电站核事故后首起被辐射工作人员起诉东京电力公司的案例。

起诉东京电力公司的男子并未直接接触核污水，但其认为自己当时在直接接触了核污水的 3 人附近进行了约一个半小时的作业，“至少遭到了 20 毫西弗的辐射”。该男子称，当年 3 月 18 日，东京电力公司已经发现 1 号机组内部出现高浓度的放射性污水，但是还是向工作人员声称“当时的环境可以进行作业”。该男子起诉东京电力公司及承包公司作出不合适的指示，导致自己遭受损害。

（二十九）福岛核电站拟将 560 吨地下水排入海中[3]

日本经济产业省资源能源厅日前宣布，为了实施东京电力公司福岛第一核电站地下水“迂回排放”计划，东电最快或于 21 日开始排放地下水。该厅称，东电和日本原子能研究开发机构等第三方机构对地下水进行了检测，结果显示其放射性物质活度已低于排放标准。

（三十）日本福岛 37 万人接受检查，确诊 50 人患甲状腺癌[4]

中新网 5 月 18 日电 据日本共同社报道，17 日有关人士称，在以日本福岛县

1 2014 年 5 月 5 日摘自中国新闻网。

2 2014 年 5 月 8 日摘自中国新闻网。

3 2014 年 5 月 15 日摘自人民网。

4 2014 年 5 月 18 日摘自中国新闻网。

全体儿童为对象的福岛核事故核辐射对甲状腺影响的检查中，约 8 成调查对象的检查结果汇总显示，确诊患癌的病例较今年 2 月福岛县公布的数字增加了 17 人，达 50 人，疑似癌症病例为 39 人，上次为 41 人。

福岛县以县内地震时未满 18 岁的约 37 万人为对象实施了检查。截至今年 3 月末第 1 轮检查结束，4 月起开始了第 2 轮。

报道指出，切尔诺贝利核事故发生后 4 至 5 年后确诊患甲状腺癌的儿童有所增加。因此，福岛县以第 1 轮结果为基础数据，今后将通过确认在第 2 轮及以后的检查中癌症患者是否增多，来调查核辐射的影响。

据称，第 1 轮检查中，先用超声波对甲状腺肿块的大小和形状等进行初查，对肿块大小等超过基准的人进行血液和细胞等详查。截至 3 月底约 30 万人接受了检查，县方汇总了相当于约 8 成的约 29 万人的初查结果。其中有 2 070 人接受了详查，确诊患癌的有 50 人，疑似癌症的有 39 人。经手术确诊为“良性”的为 1 人，共 90 人。这些患者在地震时均为 6 至 18 岁。据日本国立癌症研究中心介绍，在日本，10 至 19 岁患甲状腺癌的一般概率为 100 万人中有 1 至 9 人左右。

（三十一）福岛核事故时 9 成作业员不听指令私自撤离[1]

中新网 5 月 20 日电综合日本媒体 20 日报道，“日本政府事故调查•检证委员会”的调查报告书透露，东日本大地震时，福岛第一核电站作业员不听从指示，90% 撤离事故现场，导致核辐射危害扩大，事故应对不及时。

根据该报告书，东日本大地震发生 4 天后的 2011 年 3 月 15 日早晨，福岛第一核电站 9 成员工约 650 人违反吉田的“待命”指示，撤离至以南约 10 公里的福岛第二核电站。之后，辐射剂量迅速飙升，这很可能是应对核泄漏事故不充分的缘由。东京电力公司将这份违反命令逃离现场的报告书隐瞒了 3 年。

（三十二）日本福岛核电站发现新漏水处，疑为核污水泄漏[2]

东京电力福岛第一核电站一号机的存放容器受损，在对其损伤进行的调查中，发现连接存放容器的配管出现新的漏水点。新发现的漏水处位于去年 11 月机器人所检查出的核污水水流正上方。东京电力公司估计该配管受损处所泄漏的为核

1 2014 年 5 月 20 日摘自中国新闻网。

2 2014 年 5 月 29 日 摘自腾讯网。

污水，将对如何止漏的方法进行商讨。

新发现的漏水处，位于福岛第一核电站一号机存放容器的连接配管上，该配管中的水是在核泄漏事故中溶解了的核燃料的核污水。从安装在机器人身上的照相机所拍摄的画面来看，本为茶色的配管在漏水处呈现出了黑色。

（三十三）福岛核电站冻土壁将动工建设，防止地下水污染[1]

据日本共同社报道，关于为解决福岛第一核电站污水问题而计划建设的“冻土遮水壁”，东京电力30日宣布该工程将于6月2日动工。当天将从核电站西北角开始进行挖掘准备。冻土壁是指将1～4号机组的厂房周围约1.5公里的土壤冻结，防止地下水流入厂房造成污水增加。东电将先确认地下有没有电线和管道，然后铺设装入冷却材料的管道。

（三十四）福岛核电站一套污水处理系统恢复试运行[2]

据日本共同社9日报道，东京电力公司发布消息称，福岛第一核电站核污水处理设备“多核素去除设备（ALPS）”三套系统中的A系统日前恢复试运行。B系统此前已恢复，仍在停运状态的C系统也将于19日恢复运转。因去除核污水中碳酸盐的过滤设备失灵，ALPS的B系统3月18日停运，之后A和C系统也出现相同问题陆续停运。

经检查原因是过滤设备的垫圈受辐射影响劣化，东电已更换了抗辐射材质的垫圈。

（三十五）福岛核电站2号机组安全壳水位堪忧，东电调查[3]

据日本放送协会（NHK）10日报道，在东京电力公司福岛第一核电站2号机组，沉积熔毁核燃料的安全壳内部水位约为30厘米，是迄今为止推测水位高度的一半左右。

东电方面表示，安全壳内部温度为35度左右，因此核燃料应当处于稳定的冷却状态，但是否完全浸没在水中，还无法断定。安全壳内部有一个很大的管线，

1　2014年5月31日摘中国新闻网。

2　2014年6月9日摘自中国新闻网。

3　2014年6月10日摘自中国新闻网。

与水位高度几乎相同，东电方面认为，冷却水有可能通过这一管线流入“压力控制室”，其后又从压力控制室的某一破损处流入厂房地下等。

福岛第一核电站打算对安全壳的破损处进行修补，在注满冷却水的情况下，将核燃料取出。

东电方面将对核燃料的状态和压力控制室的具体破损处进行详细调查。其中，2号机组的破损处可能在安全壳下方的压力控制室的某个地方，但具体位置尚不清楚。1号和3号机组虽然发现了核污水泄漏的场所，但不能排除其他地方也有破损的可能性。

关于熔毁沉积的核燃料，目前在3个机组均未发现任何踪迹，有关方面准备使用搭载了摄像机的机器人等，通过各种方法进行调查，现在正在进行相关准备。

（三十六）日本福岛除污作业已达极限，放射线量仍严重超标[1]

据日本新华侨报网6月11日消息，近日，日本环境省发布了一项关于核电站事故返回困难区域除污效果的报告，结果显示，由于受高浓度放射线污染严重，除污作业后仍然维持每小时2.5至8.8毫西弗，这一数值已达到除污工作的极限。

据日本《朝日新闻》报道，按照每小时2.5毫西弗计算，当地居民一年累计遭受的放射线量将超过12微西弗。日本政府规定的迁回条件的长期目标为每年1微西弗。

除污工作试点区域为福岛县双叶町的6个返回困难区域，于2013年10月至2014年1月实施。在住宅地、农用地、道路、幼儿园、公园等地区，政府通过除去覆土和高压清洗等一般方法进行除污作业。在林区，以不影响生活为目标进行除污作业，放射线减少率仅为14%至39%。

（三十七）日美将加强合作推进福岛核事故去污作业[2]

据日本共同社6月12日消息，日美两国政府12日在东京都内举行协商福岛核事故应对措施的委员会第三次会议。双方就加强两国间的合作，以促进福岛第一核电站反应堆报废作业和去污达成一致。

1　2014年6月11日摘自环球网。

2　2014年6月12日摘自环球网。

日方在会上表示，将在秋季临时国会期间提交批准签署《核损害补充赔偿公约》（CSC）的议案。该条约规定，发生核事故时，部分赔偿金由各国出资成立的基金负担。美方对此表示欢迎。据悉，如果日本签署该条约，将为引进美国企业的反应堆报废相关技术创造条件。美方还表明将积极提供污水处理技术。

会后，担任会议联合主席的外务省外务审议官杉山晋辅与美国能源部副部长波内曼举行了记者会。杉山强调，“根据 CSC，日美间可在原子能领域进行有效合作。”波内曼表示“CSC 对促进两国合作十分重要”。

（三十八）福岛核电站曾泄漏牲畜皮肤现白点，农民“上访”[1]

据《日本时报》报道，日本福岛县一群愤怒的农民 20 日用卡车运载一批患病公牛，来到日本农林水产省门前，要求政府调查福岛核电站辐射泄漏事故发生后当地牲畜出现的怪病。

“希望的牧场”主管吉泽正已和一名同伴驾驶卡车从福岛县出发，当天下午来到农林水产省大楼门口，试图把牛牵至人行道，被警察阻止。吉泽称，福岛核电站事故发生后，他们所养的大部分牲畜皮肤上出现白点，原因不明。

（三十九）日本推算福岛核电站周边至 2021 年方可解除封锁[2]

据《朝日新闻》报道，针对福岛第一核电站周边地区住民返家的时间问题，日本政府首次对相关地区未来的放射线量进行了推算。

根据推算结果，如果年间放射线量在 100 毫西弗以上的地区也能够得到有效的除污染处理，则事故发生 10 年后的 2021 年，核电站周边地区放射线量可降至年间 20 毫西弗，这一辐射量将符合解除封锁的基准。届时福岛第一核电站周边居民将可能返回封锁区内的家中。

（四十）福岛核污水处理设备三套系统全部恢复运行[3]

6 月 23 日报道，东京电力公司宣布，福岛第一核电站污水处理设备“多核素去除设备”三套系统中，唯一停运的 C 系统已恢复运行。至此，多核素去除设备所有

1 2014 年 6 月 21 日摘自千龙网。

2 2014 年 6 月 23 日摘自人民网。

3 2014 年 6 月 24 日摘自国家原子能机构。

系统时隔近 3 个月后同时运行。

据东电介绍，由于去除污水中碳酸盐的过滤器出现问题，多核素去除设备三套系统自今年 3 月以后相继停运。此后进行了更换成改良型过滤器的作业。5 月份及 6 月 9 日，B 系统和 A 系统分别恢复运行。C 系统起初计划 19 日重启，但因配管衔接部分发现腐蚀而延期。

多核素去除设备是去除污水中氚以外 62 种放射性物质的设备。每套系统每天可处理约 250 吨污水。东电正在持续进行试运行，力争实现正式运行。

（四十一）福岛核电站污水渗入地下，东电调查是否流入外海 [1]

据日本《产经新闻》24 日报道，东京电力公司发布消息称，福岛核电站第一至第四号机组，污染水很可能已经渗入地下 25 至 30 米的“下部透水层”。目前核电站沿岸正在建设放水墙，东电正在调查污水是否流入大海。

东电表示，从深约 25 至 30 米的观测井采取的水样中，检测到氚的活度最大值为每公升 4 700 贝克勒尔。在福岛第一核电站的地下，流水经过的“上部透水层”下面，有用黏土等建成的“不透水层”，“不透水层”下面就是地下水流经的“下部透水层”。

到目前为止，下部透水层的水压均高于上部透水层，“因此污染水几乎不能自上而下渗透”。但是，东电再次进行调查的结果显示，污水已经渗透贯穿第一至第四号机组靠海一侧地层的土壤和地下沟槽，很可能已经流入外海。

（四十二）日本福岛核电站污水处理高性能设备获批运转 [2]

综合共同社和日本新闻网报道，日本原子能规制委员会 29 日批准了福岛第一核电站处理污水的“多核素去除设备”（ALPS）高性能型的运转。东电称高性能 ALPS 系统，日均可处理 500 吨污水。此前，日本环境省曾表示，东京电力福岛第一核电站的核事故的清除污染情况，除福岛县，有 7 个县的住宅核事故清除污染工作已经完成 90%。东京电力公司力争在经过使用前检查等之后于 10 月中旬开始对高性能 ALPS 系统进行试运转。

据东电称，接受中央政府补贴引进的高性能 ALPS 为一套系统，日均可处理

---

1 2014 年 6 月 25 日摘自中国台湾网。

2 2014 年 9 月 30 日摘自中国日报网。

500吨污水。据悉，与目前持续试运转的现有及增设ALPS相比，高性能型产生的废弃物将抑制到二十分之一。东电表示，将在12月底前后正式运转现有、新设及高性能型ALPS，把每天的处理量提高到2 000吨，力争在本年度内处理完储存在核电站厂区内储罐的污水。然而，现有ALPS过滤设备接连出现故障，污水处理工作能否按计划推进仍是未知数。

（四十三）日本福岛核电站开始施工反应堆报废研发设施[1]

据日本共同社26日报道，日本原子能研究开发机构当天在福岛县开工建设研发远程操控设备等的设施，以实现东京电力公司福岛第一核电站反应堆报废。按计划，设施或于明年夏天启用一部分。

经济产业省相关人士出席了26日的动工仪式。原子能机构理事长松浦祥次郎致辞中称："如何加速反应堆报废工作是我们最重要的使命，将尽最大努力高效地得出研究成果。"

日本政府提出了把第一核电站周边打造成反应堆报废作业及灾害用机器人研发基地的构想，并设置了部分仿制反应堆安全壳的等大模型。今后力争使用远程操控机器人确定损伤部位及具体的修补技术。为实现抽取厂区内地下水后排入海洋的"地下水分流"计划，东电已开始作业，把抽取的地下水转移到储罐内，然后确认是否被污染。

（四十四）俄专家：日本以东空气中放射性核素水平未超标[2]

据俄新网报道，俄罗斯科学家近日表示称，未在从日本以东提取的空气样本中发现有害放射性核素异常。目前俄罗斯专家乘坐"赫柳斯京教授"号科学考察船研究日本福岛第一核电站事故区域辐射状况。"赫柳斯京教授"号科学考察船于9月底搭载一组专家从符拉迪沃斯托克出发，前往日本海和千岛群岛评估日本福岛第一核电站事故后果。

报道指出，此次考察在俄罗斯地理学会的领导下进行，俄罗斯原子能公司赫洛平镭研究所、俄罗斯水文气象和环境监测局、国防部、俄罗斯消费者权益保护与公益监督局以及涅韦尔斯基将军国立海洋大学的专家参与考察。

1　2014年10月4日摘自中国海洋报。

2　2014年10月9日摘自中国新闻网。

（四十五）日本将推迟取出福岛核电站1号机核燃料时间[1]

据日本NHK网站10月16日报道，东京电力表示，由于要撤去福岛第一核电站1号机的瓦砾，所以原定于今年7月份开始的解体建筑物覆盖盖的作业也将推迟到本月22日进行。因为应对放射性物质的扩散需要时间，所以取出1号机废炉里的核燃料时间也有推迟的可能性。

福岛第一核电站为了防止挥发出放射性物质，在所有核反应堆的建筑物表明都设计了一个覆盖盖，建筑物上部累积了大量的瓦砾，因此妨碍了从燃烧池中取出已燃尽的核燃料，东京电力计划于今年7月份开始对覆盖盖进行解体作业。但是，去年8月份取出3号机的瓦砾时，被指出有放射性物质飘散出来，污染了水田。因此东京电力推迟了作业，在讨论对策的同时，和当地的地方自治体共同做出了调整。国家以及东京电力还表示，对于取出1号机废炉燃烧池中已燃尽的核燃料这一重大作业，将于3年后平成29年（2017年）开始进行，由于解体建筑物的覆盖盖和去除瓦砾的时间都有所推迟，因此，取出燃料的时间也有可能延迟。

（四十六）福岛第一核电站向媒体公开部分污水处理设备[2]

据日本报道，东京电力公司向媒体公开了福岛第一核电站增设的污水处理设备“多核素去除设备”（ALPS）以及抑制污水增加的“地下水汲水装置”的一部分。据悉，ALPS是可去除污水中氚以外62种放射性物质的设备，此次向媒体展示的是“增设ALPS”和“高性能ALPS”两种新设备。

（四十七）福岛核电站4号机组1 320根乏燃料棒完成转移[3]

据日本《读卖新闻》10月21日报道，有关日本福岛第一核电站4号机组乏燃料池燃料棒取出作业，东京电力公司20日发布消息称1 331根乏燃料棒中已有1 320根完成转移。下一轮作业将把包括3根破损燃料棒在内的所有乏燃料棒全部完成转移，今后存放在燃料池内的仅剩风险较低的未使用过的燃料棒。

4号机组燃料池内在事故发生前就存放着1根曲形燃料棒和2根曾被检出放射性物质泄漏的燃料棒。下一轮取出作业中将使用能放置变形燃料棒的更大收纳

---

1 2014年10月17日摘自中国网。

2 2014年10月17日摘自凤凰资讯。

3 2014年10月21日摘自cnbeta网站。

空间运输容器，将剩余 11 根乏燃料棒同时转移至另一厂房内的共用燃料池内，计划 11 月底完成转移作业。此外，目前 4 号机组燃料池内还存放有 180 根未使用过的燃料棒，东电计划年内全部转移至 6 号机组燃料池。

（四十八）福岛核事故为何更多是"人祸"[1]

今年是我国第一颗原子弹爆炸 50 周年。日前，在中国科协主办的"科学家与媒体面对面——追寻'核'你我的关系"活动中，我国著名核专家、中科院院士王乃彦，就有关核电站的安全问题，解答了公众关心的问题。近年来，我国的核电站建设处于一个重要发展时期。据有关资料显示，目前我国在建 31 个核电机组，占到世界上将近 50%。那么，我国的核电站建设，怎样在安全性方面进行严密防护，避免像福岛核事故那样的悲剧发生呢？

【不肯及时注入海水致核泄漏】

王乃彦院士介绍说，福岛核事故的发生，首先是有 9 级大地震引发的海啸。这次地震并没有发生很多火车脱轨事故，很多化学工厂也没有爆炸，是因为日本比较早地探测到了，并采取了相应的措施。福岛核电站在 9 级地震发生时把电和反应堆都停下来了。但是，地震造成巨大海啸，而福岛核电站周围防海啸的堤不够高，导致海啸过了堤漫进了福岛核电站，海水把核电站里面一个备用的柴油发电机泡了。这个备用的柴油发电机是干什么用的？虽然反应堆停下来了，但是反应堆里面温度还很高，还有堆芯的余热在那里，同时反应堆里一些自发的裂变还在继续进行，所以必须有冷却的水进去，把堆芯的温度慢慢降下来。但由于整个核电站停电了，备用的柴油发电机也泡水了，这样就没有办法泵水进去，继续把反应堆堆芯的余热导出来。

大家知道，事故是发生在 3 月 11 日，真正发生放射性大量外泄是在 3 月 14 日，三天左右的时间，日本核电站的应急措施是极其不力的。当时有很多人，包括美国的专家，建议日本赶快把海水引进去，因为无非也是要用冷却水把里面堆芯的温度导出来，倒不如把海水注进去，这样整个反应堆泡水后，温度就在水的控制中，就不会发生严重的堆芯熔化。日本福岛核事故当中还有个问题就是氢气爆炸。由于反应堆外面的锆合金容器，在遭遇一千摄氏度的高温后，产生氢气，而氢气会爆炸。如果早一点把海水注进去，这些问题都是完全可以避免的。

1　2014 年 10 月 22 日摘自北京日报。

但是，日本东京电力公司为了要保留这个核电站，心存侥幸，不肯尽快把海水注进去，担心海水含有很多盐分，会把反应堆外面的容器都给腐蚀掉，这个反应堆就要报废了。可以说，东京电力公司从私利出发，却给整个社会带来了严重危害。

【“大水包”预防最坏情况发生】

王乃彦院士介绍说，我国现在建造的第三代核电站，采用的是最高的安全标准。这个最高的安全标准，关键是在安全控制系统上，并不是在反应堆的堆芯上。因为反应堆的堆芯是一样的，而它的安全保护系统是非能动的系统。就是说，地震来了、海啸来了或者停电了，万一备用的发电系统也不起作用了，我们在反应堆电站顶上还建有一个大水包，在最坏的情况下，启动一个爆炸阀一炸，大水包的水就会靠自身的重力自动淹下来，将反应堆泡水，进而保障安全。所以，如果应急措施得当，福岛核事故应该是可以避免的。

核电站的安全是极其重要的问题，我国决策部门提出用最高的安全标准来建设核电站是十分正确的。而在这样的安全标准下，类似福岛核电站那样的事故是完全可以避免的。

（四十九）日本福岛核电站今日开始解体[1]

日本新闻网 10 月 22 日消息 东京电力公司今天开始了福岛第一核电站的 1 号机覆盖建筑物的解体。

为了防止放射性物质飞出飘散，解体工程先开始对粉末灰尘进行了加固。今天早晨，在现场工人们使用起重机在屋顶上方打开了一个大约 30 厘米的正方形口，向屋内扑散了防止粉尘扩散的药剂。

根据解体计划，到明年 3 月份为止，将正式开始进入卸下覆盖盖的解体作业，并于 2016 年上半年前结束。到 2017 年为止取出废炉里的燃料，转移到安全的地点。

（五十）福岛核电站水井放射性铯活度创新高[2]

据共同社报道，日本东京电力公司 10 月 24 日公布了福岛第一核电站厂房附近水井中地下水的水质调查结果，称其中一口井中的放射性铯活度高达每升 46

1 2014 年 10 月 22 日摘自网易新闻。

2 2014 年 10 月 26 日摘自澎湃新闻网。

万贝克勒尔。该数值为去年11月上次调查时的920倍，为水井中测到的最高活度。水井上盖着苫布，东电解释称："可能是厂房上的放射性物质随雨水流入了井中。"

高辐射地下水是于10月22日在2号机组核反应堆西侧的井中采集到的。因发现其旁边井中的地下水也含有每升42.4万贝克勒尔的铯，将暂停从这两口井中取水。东电计划从厂房附近水井等中抽取地下水净化后排放入海，将此作为解决污染水问题的方法之一。但此举遭到当地渔业人士的反对，尚未确定何时可以排放。

（五十一）福岛第一核电站厂房外罩拆除作业因大风中断[1]

据日本《朝日新闻》10月28日报道，日本东京电力公司按计划拆除福岛第一核电站厂房覆盖物时，近日遭遇疾风，导致作业被迫中断。

据报道，工作人员在往大小约30平方厘米左右的正方形开口内倾洒防止放射性物质扩散的抑制剂时，突如其来的疾风致使设备不慎将开口扩至宽约1～2米的大洞。目前尚未检测出周边地区空气中放射性物质浓度有异常情况。

（五十二）东电宣布推迟福岛核电站核燃料抽取工作计划[2]

据日本NHK电视台10月30日报道，围绕东京电力公司福岛第一核电站1号机废堆的处理工作，日本政府和东京电力公司近日决定将现有计划推迟。据悉，这是东电首次表示将推迟工作计划。报道称，推迟原因可能在于目前相关工作进程缓慢，抽取核燃料设备的建设也需要一定时间。

东京电力公司的废堆作业工程进度表显示，有关使用完毕核燃料的抽取工作最早自2017年开始进行，已溶解核燃料的抽取工作最早自2020年开始进行。然而，在1号机中，由于核反应堆建筑中堆积的瓦砾阻碍了抽取工作的进行，而且预计要到2015年3月才能正式开始拆除覆盖物，移走瓦砾，实质上与原先的计划相比，已经延期半年以上。按照现在的工程计划表来看，福岛第一核电站的废堆处理工作要花费30～40年时间。而经过本次推迟之后，可能40年也无法完工，核反应废堆处理的困难性可想而知。

---

1 2014年10月28日摘自环球网。

2 2014年10月30日摘自环球时报。

（五十三）日福岛核电站反应堆报废计划调整，首次推迟作业[1]

据日本共同社 10 月 30 日报道，为实现福岛第一核电站核反应堆报废，日本政府和东京电力公司 30 日开始就调整 1 号和 2 号机组作业计划进行探讨。1 号机组原定 2017 上半年度开始从乏燃料池取出燃料，但该计划将被推迟至 2019 年度；取出熔融燃料的计划则从 2020 上半年度推迟至 2025 年度。关于 2 号机组，为取出乏燃料池中的燃料，则将拆除上部厂房。

至于预计在事故发生后用 30 ～ 40 年完成核反应堆报废事宜，虽然该期间被认为不受影响，但推迟作业计划的调整尚属首次。1 号机组核反应堆厂房因氢气爆炸导致厂房上方瓦砾四散，目前为防止放射性物质飞散，整个厂房加盖了外罩。10 月 22 日，东电已启动旨在拆除外罩的作业，但作业和原计划相比有大幅延迟。

（五十四）福岛核电站 4 号机乏燃料棒全部取出，废炉作业获重大进展[2]

据日本共同社 11 月 5 日报道，日本东京电力公司 5 日透露，已将福岛第一核电站 4 号机组所有乏燃料棒取出。目前，燃料池中还有 180 根低风险的未使用燃料棒，这意味着取出工作已攻克最大难关。

据悉，燃料池中原本有 1 533 根燃料棒，乏燃料棒多达 1 331 根。取出工作从去年 11 月开始，东电首先将 202 根未使用燃料棒中的 22 根转移，确认程序及安全性没有问题后，才着手取出乏燃料棒。余下 180 根未使用燃料棒的取出工作将在年内结束。燃料棒取出工作是 4 号机废炉作业最重要的一步。

（五十五）福岛核电站再发事故，钢筋建材坍塌三人被压伤[3]

辐射污水屡次泄漏的日本福岛第一核电站 7 日再次发生事故，一堆钢筋建材坍塌，导致 3 名建筑工人受伤，其中一人重伤。运营商东京电力公司说，受伤人员正搭建一座 13 米高的储水罐，以储存用于冷却报废反应堆的辐射污水。一名伤员一度昏迷，被直升机送到医院后情况依旧危急；其余两人一人骨折，一人可以自己行走。

福岛核电站在 2011 年“3•11”大地震和海啸中遭遇重创，4 座反应堆全部熔

---

1 2014 年 11 月 2 日摘自环球网。

2 2014 年 11 月 5 日摘自国际在线。

3 2014 年 11 月 10 日摘自新华网。

毁，大量辐射物泄漏，事故严重程度为最高的7级，数以万计附近居民不得不背井离乡。东京电力公司赶工建造数百座临时储水罐，打算对辐射污水进行去污处理后再排入大海。然而，污水泄漏事故多次发生。

（五十六）东电公司重启福岛核电站一号机防扩散罩拆卸工作[1]

11月10日报道，东京电力福岛第一核电站为清理散落于1号机组内部的瓦砾残骸，继10月份对1号机组部分防扩散罩进行试验性拆卸工作后，10日再次展开了拆卸工作。东京电力方面称本次拆卸并没有监测到周边放射量的变化。

据报道，10日上午7点20分左右，东京电力公司通过远程操纵起重机吊起了福岛第一核电站1号机组上方的天花板。借此，散落于建筑物内部的大量瓦砾残骸重见天日。本次作业东京电力旨在从1号机组废弃的燃料池内取出核燃料，为此需要首先拆除上方的防扩散罩，清理瓦砾残骸。为了切实保证工作的安全环保性，防止放射性物质向外界逸散，东京电力已于10月31日向建筑物内部喷洒了大量粉尘状防逸散药剂，并已于当日拆卸了6块天花板。本次又再次拆卸2块。此外，为进一步监视放射性物质的扩散状况，东京电力在建筑物顶棚悬挂测定装置的同时也进行了地表勘测。勘探结果表示，就目前状况来看并无出现放射性变化。

东京电力称，若今后不出意外将计划于2015年3月全面开展防扩散罩拆除工作，并于2016年前半年彻底清除其中的残骸。

（五十七）福岛核电站清理遇污水难题[2]

目前，日本福岛核电站事故清理工作已经进行了3年多时间，但媒体近日报道，事实上，只有很小一部分工人从事关键的清理任务，比如准备拆除破损的反应堆和移走具有放射性的燃料棒。相反，福岛核电站几乎所有工作人员都忙于应对一个巨大的难题，即如何处理用于防止反应堆过热的污水，这些污水不仅具有放射性，而且由于地下水涌入，数量巨大且不断增加。

目前，福岛核电站内已经建造了1 000个大型蓄水罐和处理设备，用于处理这些放射性污水。外国记者12日在福岛核电站看到，工人还正在建造更多的蓄水罐。“污水是我们必须处理的最紧迫问题。这点毫无疑问，”福岛核电站负责人大

1　2014年11月11日摘自人民网。

2　2014年11月14日摘自新华网。

野明说，“现在，我们正在尽最大的努力来缓解这一问题。虽然我不能说出具体的解决时间，但我希望，当（我们采取的）措施开始见效后，情况能开始好转。”东京电力公司正在研发新的系统，试图清除污水中最具放射性的物质。日本官员曾表示希望在明年3月底前处理全部污水，但目前来看，实现这一目标仍存变数。

（五十八）美国加州海域测到放射物，或来自福岛核电站[1]

美国伍兹霍尔海洋研究所近日发布消息称，在加利福尼亚州北部海域约150公里的太平洋上，检测出了福岛核事故泄漏的微量铯-134。报道称，据此次检测出的铯-134每立方米不到2贝克勒尔，低于美国政府的饮用水标准的千分之一，不会危害到人体健康和海洋生物。

铯-134是8月在加利福尼亚州尤里卡近海采集的海水中检测出来的，东日本大地震后历时三年半抵达太平洋彼岸。该研究所认为：“需要继续严密监控。”美国政府没有进行以铯为对象的海洋调查，该研究所自今年1月启动调查，这是首次检测出铯。由于铯-134不存在于自然界，其半衰期为两年，该研究所表示“只可能是从福岛泄漏的”。

（五十九）福岛核电站污水堵截效果欠佳，污水继续流入地下[2]

据日本放送协会（NHK）18日报道，为解决福岛第一核电站不断有高浓度核污水流入地下通道的问题，日本东京电力公司实施了堵截作业。但作业后，公司方面从地下通道内试验性地抽出部分核污水，却发现水位降幅低于预期值，这说明厂房内可能仍有核污水不断流入地下通道。

东电计划将地下通道内的核污水抽出后，用水泥封堵通道。截至11月6日，东电一直在实施堵截核污水的作业，包括冷冻部分核污水和填补冰层缝隙等。为检验作业效果，11月17日东电从地下通道里试验性地抽出了200吨核污水。经计算，通道内的水位本应下降80厘米，但实际降幅却仅为20多厘米。

报道称，这说明目前可能仍有核污水从厂房不断流入通道。对此，东电表示今后将研究地下水的影响因素，如果情况得不到改善，则将考虑在核污水完全抽净前，直接采取水泥封堵措施。

---

1 2014年11月17日摘自京华时报。

2 2014年11月18日摘自中国新闻网。

（六十）日本福岛核电站后续：清除核污染仍需 40 年[1]

福岛第一核电站灾后清理工作的负责人承认，目前还没有理由对进展感到乐观，因为有成千上万名工作人员还在继续与大量的辐射性污水做着斗争。污水问题非常严重，以至于在致命海啸导致的三重毁灭性事故过去近四年后，福岛核电站的经营者——东京电力公司（东电）与其各方面的伙伴企业仍然几乎将 6 000 名工作人员全都发动起来，并投入 2 万亿日元（1 100 亿人民币）来控制福岛的事态。

但是，福岛第一核电站负责人大野明说，他认为工作人员在电站退役的漫漫长路上已经转过了第一个弯。“整整三年，我们都在埋头收拾事故的残局，所以根本没有办法对未来进行规划。”他说道。

（六十一）日媒：东电未能检测出福岛核电站放射性物质遭质疑[2]

据日本《东京新闻》12 月 1 日报道，经过《东京新闻》近日在调查中，于东京电力福岛第一核电站临近的港口出入口处检测出了溶于海水的放射性金属铯。比起 2011 年核泄漏事故刚发生时，金属铯浓度虽大大下降，但其对于远洋的污染却仍在持续。而东京电力却一直在进行精确度低的海水监测，并一直强调“没检测出放射性物质”，报道称，不禁令人怀疑这些当事人是否真的尽职尽责。

据当地的“相马双叶鱼协”请户分所的所长高野一郎表示，“多次调查也没有检测出污染的话，我们和消费者都能够安心了。但若是国家和东电都没有认真调查，那谁也不会信任他们。”一名副教授对此表示，“即便使用高性能的检测仪，测定时间太短的话，也无法得出值得国民和渔业从业者信赖的结果。随着海洋污染的持续，东电的事故负责人有义务对污染进行严密的调查并将结果公之于众。”

（六十二）日本决定将不再用核事故分级标准评估福岛核事故[3]

日本原子能规制委员会 12 月 10 日做出决定，今后当东京电力公司福岛第一核电站再发生污水泄漏等事故或故障时，将不再采用国际核事故分级标准（INES）进行评估。

1　2014 年 11 月 20 日摘自中外对话。

2　2014 年 12 月 1 日摘自环球网。

3　2014 年 12 月 11 日摘自环球网。

原子能规制委员会认为，由于福岛第一核电站事故已经被评估为最严重的第7级，如果继续采用INES“会产生误解”。对于未来的事故和故障，规制委将不再做出等级评估，取而代之的将是一份包含情况简介、放射性物质的环境影响及规制委应对措施的文字说明。INES根据核电站事故或故障的规模和严重程度从0到7共分8个等级。虽然这一通用标准是为了方便国际交流互通，但规制委认为已发生事故的核电站与普通核电站不宜适用同样的评估标准。

（六十三）日本将提高核事故被辐射上限或加大作业风险[1]

日本原子力规制委员会讨论将核事故紧急处理作业人员的核辐射上限，提高至250毫西弗（mSv）。其原因是以现行上限（100毫西弗）可能无法充分应对重大核事故。日本将在与厚生劳动省等部门进行协商和咨询放射线审议会后正式做出决定，并修改相关规则。

12月10日，在原子力规制委员会的例行会议上，委员长田中俊一表示“福岛第1核电站事故发生时曾一度决定将上限提高至250毫西弗。建议以这一标准为基准进行讨论”。其他的委员也并未提出异议。计划事先对作业人员进行充分的放射线教育，并确认作业人员的态度等。目前，日本原则上不允许核事故处理人员受到超过100毫西弗的核辐射。原因是超过100毫西弗的话，致癌及致死风险被视为将逐渐升高。

（六十四）日本专家称东京地下放射物质铯将长期存在[2]

据日本《东京新闻》12月19日报道，针对东京电力公司福岛第一核电站核泄漏事故所产生的放射性污染问题，《东京新闻》社再次对流经东京市中心的隅田川地下土层进行调查，结果发现河流中高浓度放射性铯长期存在的可能性很高。报道称，这与河流呈大S形走向，且流速缓慢有很大关系。

自事故发生以来，这已经是《东京新闻》社第6次对东京首都圈附近水域与东京湾、福岛两地的农田进行调查。结果显示，在荒川河口一带的土壤中，铯-137的浓度超过每千克300贝克勒尔，而上游浓度则急遽降低。距河口约17公里的江北桥一带浓度降至每千克100贝克勒尔，更为上游的河段则下降至每千克50贝克勒

1　2014年12月11日摘自中国新闻网。

2　2014年12月19日摘自环球网。

尔，具体情况还在分析当中。另一方面，隅田川流域总体铯-137浓度较高，每千克样本浓度在147贝克勒尔至378贝克勒尔之间，尤其是途径浅草的中游一带。数据显示，在流速缓慢的S形内侧浓度更高。

根据检测结果，独协医科大学放射线卫生学木村真三准教授分析道："由于荒川水量和流量都较大，可以轻易地将放射性物质运到河口。而隅田川流速缓慢，即便放射性物质被大雨冲刷流向大海，其浓度下降也需要花上很长的时间。铯-137半衰期长达30年，今后隅田川流域或将会成为污染中心。虽然市民接触地下土的机会很少，但有关部门应继续监视流速缓慢的河段及河口地区。"

（六十五）日本福岛第一核电站4号机组燃料全部被取出[1]

12月20日，福岛第一核电站4号机组乏燃料池内的未使用燃料全部被取出装入运输容器，乏燃料及未使用燃料的取出工作就此结束。东电计划最快在明年10月前开始取出3号机组燃料池中的燃料。

（六十六）日本福岛核电站核废弃物搬运工作将延期[2]

据日本《东京新闻》12月22日报道，针对保存日本东京电力福岛第一核电事故的除浸染污染土壤等的中间储藏设施，日本政府近日判断，2015年1月开始进行废弃物搬运工作恐难实行，因此修改计划为在2015年年内开始搬运工作。据报道，废弃物搬运工作延期是去污作业的延迟，以及和福岛县方面围绕贮藏设施建设的交涉不顺利等因素所致。

日本环境省表示，将于12月25日开始进行中间储藏设施建设的投标工作，并于2015年1月最终确定施工方。原本预计在2015年1月下旬开始着手施工，但正式施工可能会延迟至2015年2月以后开始。日本政府相关人员则表示"无论如何都希望能在2015年年内开始废弃物搬运工作"。

但另一方面，对设施用地周边地区的去除核污染的方法，以及对搬运废弃物的卡车是否附有放射性物质的检查方法等还处于待定状态。此外，福岛当地居民还强烈要求"在搬运前进行细致的说明"，因此中间储藏设施完成后是否能立即开始搬运工作尚且不得而知。

---

1 2014年12月21日摘自新华网。

2 2014年12月22日摘自环球网。

第六节 核电重启新闻

（一）日核电安全审查或耗时更长，核电站重启时间待定 [1]

按照规定，日本的核电机组在重新启动前必须经过政府的安全审查。日本政府吸取了3年前的核电事故的经验教训，制定了管制新标准，安全审查依照这个新标准进行。安全审查工作到1月中旬将满半年。

据报道，按照起初的预测，安全审查将耗时半年，不过，在地震规模设想这一重要审查项目中，尚没有一个核电机组合格，因此，安全审查仍将耗费更多时间，核电站的重启时间尚无法预期。

吸取了东京电力公司福岛第一核电站事故的经验教训，日本原子能管制委员会2012年7月出台了原子能管制新标准，首次规定各核电站有义务采取措施防范重大核电事故。目前已经申请安全检查的共有7个电力公司的9座核电站。迄今为止，原子能管制委员会已经召开了65次审查会议，按照新标准对各核电机组进行审核。从审查工作启动之初便参与的核电站共有6座，按照计划，这些核电站须在去年年底之前提交安全审查必需的全部共27项材料，但没有一家电力公司按期提交。

另外，对地震规模的设想是审核核电机组抗震性能的标准，是重要的审查项目，但各核电站在抗震措施上均没有改变以往的设想，在这项审核中没有机组合格。

为此，原子能管制委员会需要对率先开始接受安全审查的6座核电站进行安全检查，确认对核电安全有着举足轻重的作用的核反应堆能否抵御强震，但这项工作尚未展开，因此，预计安全审查所需的时间要比当初预想的“半年”更长。

（二）日本内阁会议通过《能源基本计划》，告别“零核电” [2]

日本安倍政府11日在内阁会议通过了新《能源基本计划》。该计划决定了日

1 2014年1月2日摘自网易新闻。

2 2014年4月14日摘自国际在线。

本中长期能源政策的方向性，将核电站定位为“重要的基本负荷电源”，明确了重启核电站的姿态。这是福岛第一核电站发生事故后，首个有关能源的基本计划，彻底转换了前执政党民主党提出的“零核电”政策。

该计划认为核电站发电成本低且可以不分昼夜地运转，是稳定的电源，与火力发电同为重要电源。此外，如果核电站被日本原子能规制委员会归为安全一类，则可重启，政府也会站出来向地方自治体寻求理解和协作。计划表示将通过引进可再生能源尽可能减小核电站的发电比率，但也保留了新建核电站的可能性，称将从能源稳定供应和成本方面来判断继续需要确保的规模。

（三）日本两前首相建社团法人反对安倍内阁核能政策[1]

据日本时事通讯社报道，当地时间7日晚，日本两位前首相小泉纯一郎和细川护熙将在东京都内召开“脱核电”的核心“自然能源推进会议”社团法人的成立总会。

日本政府在今年4月份的内阁会议上通过了《能源基本计划》，将核电定位为“重要的基荷电源”并写明推动核电站重启的方针。

小泉和细川二人在2月份的东京都知事选举后，继续反对重启核电及核电出口，此次联系相关著名文化学者等，正式展开反核运动。

细川将在今晚的会议上宣布就任该社团法人的代表理事。发起人除小泉和细川外，还有哲学家梅原猛、演员菅原文太、作家濑户内寂听等，共计13人联名。

该团体今后将在福岛及新潟县等设有核电站的地区召开对话集会，并提出电力、能源方面的政策。

（四）日本法院判决禁止重启大饭核电站3号、4号机组[2]

据日本放送协会（NHK）21日报道，针对福井县关西电力公司大饭核电站3号、4号机组，附近居民等以“安全政策不充分”提起诉讼。福井地方法院认可核电站周边250公里内166人的诉状，裁定关西电力公司禁止重启这两个机组。

报道指出，自东京电力公司福岛第一核电站发生事故以来，这是首次裁定重启核电站的案例，将影响对核电安全性的讨论。

1　2014年5月7日摘自中国新闻网。

2　2014年5月22日摘自中国新闻网。

位于福井县的大饭核电站 3 号、4 号机组，在福岛第一核电站事故发生后，曾于 2012 年重启，但在 2013 年 9 月进入定期检查，目前已停止运营。

提起诉讼的周边约 189 名居民以“抗震设计的标准不充分，反应堆的冷却方法等安全对策不完善”为由，要求停止重启。对此，关西电力则反驳称不存在安全问题。而福井地方法院 21 日下达判决，禁止正在接受定期检查的两个机组重启。

针对重启大饭核电站，日本原子能规制委正在推进安全审查，21 日判决将影响对核电站安全性的讨论。

（五）日本法院首次作出“禁止核电站重启”判决 [1]

日本福井县居民等以关西电力公司在福岛核事故后安全无法保障的情况下重启大饭核电站 3、4 号机组为由，起诉要求禁止重启一案，福井地方法院 21 日作出判决：勒令目前正在接受定期检查的 2 个机组不应运转，以“抗震结构存在缺陷”为由不允许重启。这是福岛核事故后，首个判定核电机组不得重启的判决。关西电力方面计划提出上诉。审判长樋口英明批评大饭核电站的安全技术和设备“没有确切证据，仅凭乐观的预想构成，十分脆弱”。他表示，“既然存在危险性，当然应该停止运转。”

（六）日川内核电站面临重启，樱岛火山持续喷火成隐患 [2]

据日本新华侨报网 6 月 4 日消息，2014 年 3 月，日本核能规制委员会决定在为重启核电站而审查的 6 个核电机组中，优先审查九州电力公司位于鹿儿岛县的川内核电站 1 号和 2 号机组。川内核电站或将最先通过审查，成为 2013 年 7 月新安全标准实施后，日本第一个重启的核电机组。然而川内核电站所在的鹿儿岛县内，有一个持续活动的樱岛火山，是重启核电站的巨大安全隐患，就仿佛悬在一锅热油上的沸水，一旦沸水溢出，后果不堪设想。

鹿儿岛县内的樱岛火山，今年 3 月共发生 60 次爆发性喷火，4 月也发生过 18 次，喷火次数比去年夏天减少了六分之一。但日本火山喷火预知联络会称，樱岛火山的“喷火活动一直没中断，有必要警戒火山口 2 公里范围内的喷石和火山碎屑流”。九州电力公司为能早日重启川内发电站，新设置了观测仪器，以强化监视鹿

1 2014 年 5 月 26 日摘自环球网。

2 2014 年 6 月 4 日摘自环球时报。

儿岛的地壳变动。眼下，日本核能规制委员会正在以重启鹿儿岛的川内核电站为前提，优先对其进行安全审查。藤井敏嗣的发言很可能影响川内发电站的重启速度。

（七）日本超 5 000 名民众在东京集会反对重启核电站[1]

据共同社报道，日本民众 28 日在东京举行集会，反对重启原子能规制委员会优先审查的九州电力川内核电站（鹿儿岛县萨摩川内市）。参加者们喊出了“不允许重启川内核电站和其他核电站”、“推进零核电”等口号。据主办方公布，作为集会会场的明治公园聚集了约 5 500 人。

现场采访记者镰田慧强调：“福岛民众正在受难，这时不允许重启是我们市民被赋予的责任。”一名在鹿儿岛县组织反对运动的男性呼吁：“（核事故时的）疏散计划糟透了。为了不让川内核电站重启，希望大家能一起站出来反对。”

（八）李克强：今年年底前重启核电项目[2]

据澎湃新闻在 7 月 29 日中国核电可持续发展高峰论坛上获悉，国务院总理李克强在近期一次会议上表态称“（核电）年底之前怎么样都要启动了”。鉴于“十二五”期间不开工内陆核电，因此今年内有可能开工的核电项目，将从三门二期、海阳二期、陆丰一期、徐大堡一期、山东荣成 CAP1400 示范项目、福清三期、红沿河二期中产生。其中，优先度最高的，则是荣成的 CAP1400 项目。在上述 7 个已获得“小路条”、有望于年内核准开工的核电项目中，三门二期、海阳二期、陆丰一期、徐大堡一期均采用 AP1000 技术。大型先进压水堆重大专项 CAP1400 则是建立在此技术上、拥有中国自主知识产权的“升级版”。

国家核电技术公司设备部副主任简靖文表示，“去年开会之后政策声音就很大，但实际上根本就没有动。前期工作大家都在做，没停下。我们好多设备都快做完了。但大家都在等着。”

（九）搭车东北振兴新方案，沿海核电建设重启[3]

日前，国务院下发《关于近期支持东北振兴若干重大政策举措的意见》，从激发

1 2014 年 6 月 29 日摘自中国新闻网。

2 2014 年 7 月 31 日摘自华尔街见闻。

3 2014 年 8 月 21 日摘自 21 世纪经济报道。

市场活力、深化国企改革、提高产业竞争力、扩大对外开放等方面为东北工业基地振兴助力。

本次国务院提出:"优化东北地区能源结构,开工建设辽宁红沿河核电二期项目,适时启动辽宁徐大堡核电项目建设。"这一表述,预示着沿海地区核电项目建设重新启动。业内人士认为,东北地区核电站加速发展的前提是,同步配套电力外送通道建设。否则只是解决当前投资不足问题,留下电力外送难题。东北地区电力装机富裕,热电联产机组占比大,供暖期承担城市供热职能。因外送通道不畅、本地消纳能力有限,风电弃风现象仍然严重。国务院支持文件提出,加快电力外送通道建设,切实解决东北地区"窝电"问题。尽快开工内蒙古锡林郭勒盟至山东交流特高压、锡林郭勒盟至江苏直流特高压、辽宁绥中电厂改接华北电网等输电工程,加快推进黑龙江经吉林、辽宁至华北输电工程前期工作。

(十)日本川内核电站重启计划获批,已停转三年[1]

综合日本媒体报道,有关位于鹿儿岛县萨摩川内市的九州电力川内核电站1、2号机组重启问题,由10人组成的萨摩川内市议会川内核电站对策调查特别委员会20日召开会议,结果多数赞成并通过了同意重启的请愿书。如果在本月下旬召开的全体会议上再获得通过,则意味着市议会同意该核电站重启。

萨摩川内市市议会将于28日召开临时会议。市长岩切秀雄此前曾表示接受重启,预计他将结合全体会议的讨论结果最终宣布同意的决议。围绕川内核电站重启问题,该特别委员会共接到1封赞成和10封反对的请愿书。对赞成请愿书的表决结果是6人赞成、2人反对和1人弃权。而反对请愿书则全部以少数赞成未获批准。

(十一)市议会表决通过重启日本川内核电站计划[2]

据日本放送协会(NHK)报道,有关位于日本鹿儿岛县萨摩川内市的九州电力川内核电站1、2号机组重启问题,萨摩川内市市议会28日召开临时会议,决定接受重启计划。该市市长岩切秀雄也表态同意重启。

据了解,日本共有约50座商业反应堆,在2011年大地震之前,该国始终保

1 2014年10月20日摘自中国新闻网。

2 2014年10月28日摘自中国新闻网。

持有30多座反应堆处于运转状态，全国电力供应约30%来自核电。目前，包括川内核电站在内，原子能规制委员会正在对13座核电站的20座反应堆进行审查。

（十二）东京上演200人规模“西装游行”，反对重启核电站[1]

日本原子能规制委员会9月10日宣布，九州电力公司川内核电站1号和2号机组满足新的核电站安全标准，符合重启条件。该核电站所在的萨摩川内市10月28日召开临时议会，最终市议会同意重启川内核电站。这引起了多数群众不满。据日本《东京新闻》10月30日报道，参与者全部身着西装，为反对重启核电站而进行的“废除核电站西装游行”，29日晚在日本东京新桥附近举行。大批下班回家途中的公司职员聚集一起，边在大街上及东京电力总局前游行，边高喊“拒绝核发电”。

（十三）日鹿儿岛县或通过决议，川内核电站重启几成定局[2]

据日本《朝日新闻》11月4日报道，日本九州电力川内核电站重启提案预计将在鹿儿岛县议会通过。对于核电站重启一事，过半数的议员表示赞成，因此通过胜算很大。11月5日至7日的临时议会召开时，首先将由核能安全对策等特别委员会进行推进或反对核电站重启的观点陈述。7日的总会上也将进行同样审议环节。据《朝日新闻》采访调查，特别委员会除委员长外的14名委员当中，过半数表示同意重启核电站。

（十四）日鹿儿岛县同意重启川内核电站，引民众集体抗议[3]

据日本《读卖新闻》11月7日报道，围绕日本九州电力川内核电站重启一事，鹿儿岛县议会于7日召开临时议会全体会议，并以过半赞成意见通过重启提案。鹿儿岛县厅门外自上午9时起聚集约400名市民表示抗议，并高声怒斥“反对重启核电站”、“无视民意”、“请为我们的生命考虑”等。鹿儿岛县厅职员及警察在现场维持秩序，但现场一度失控。

---

1 2014年10月30日摘自环球时报。

2 2014年11月4日摘自环球网。

3 2014年11月7日摘自环球网。

（十五）日本最早将于 2015 年 2 月重启川内核电站[1]

据日本放送协会（NHK）报道，为重启位于日本鹿儿岛县的川内核电站，九州电力公司准备对详细记录核电设备设计内容的《工程计划书》进行修改后，于 12 月再次提交给日本原子能管制委员会审查。预计该核电站最早要到 2015 年 2 月之后方可重启。

今年 9 月，日本原子能管制委员会公布的审查结果显示，川内核电站 1 号机组和 2 号机组达到核能管制新标准的各项要求。为此，鹿儿岛县知事伊藤祐一郎和县议会都批准重启该核电站。

鉴于原子能管制委员会还要对川内核电站新设的安全保障设备等进行检查，因此预计川内核电站最早也要等到 2015 年 2 月之后才能重启。

（十六）日本高滨核电站通过审查，预计于 2015 年初重启[2]

据日本共同社报道，围绕重启位于日本福井县的关西电力高滨核电站 3、4 号机组一事，日本原子能规制委员会 17 日公布了审查书草案，其结论认为该核电站“符合新安全标准”。草案获得了委员长田中俊一等各委员的同意，核电站审查事实上已通过。

据悉，因还需接受工程计划审查、运营前检查并获得当地政府的同意，预计这两个机组将于 2015 年春季以后重启。基于福岛核事故的教训，新标准加强了应对严重事故、地震及海啸的对策。规制委员会将从现在至 2015 年 1 月 16 日期间就审查书草案公开征集科学及技术性意见，汇总出正式的审查书。

据了解，高滨核电站是继九州电力川内核电站 1、2 号机组（位于鹿儿岛县）后第二个通过审查的核电站。今年 9 月，日本原子能管制委员会公布的审查结果显示，川内核电站 1 号机组和 2 号机组达到核能管制新标准的各项要求。为此，鹿儿岛县知事伊藤祐一郎和县议会都批准了重启该核电站。

1　2014 年 11 月 28 日摘自中国新闻网。

2　2014 年 12 月 17 日摘自中国新闻网。

第七节 相关涉核新闻

（一）能源局局长调研中核集团，推动中俄核电合作[1]

国家发改委副主任、国家能源局局长吴新雄，副局长许永盛一行26日到中核集团公司调研指导，与中核集团董事长孙勤、副总经理俞培根等就中俄核能合作进行了充分沟通，继续推动中俄两国核电合作。

（二）台湾多地串联反核[2]

台湾多个地方8日举行反核串联游行。主办单位“废核行动平台”以“全面废核、面对核废、终结核四、立即停建”为诉求，号召10万民众上街。

这是继去年3月9日后，台湾再次举行的大规模反核行动，在台北、台中、高雄、台东、宜兰、苗栗、台南、屏东等县市串联登场。

在台北，来自艺文、环保、宗教、政党等界人士分三路向市中心的凯达格兰大道集结，其中最吸睛的是从忠孝东路出发的由父母推着婴儿车打头阵，儿童骑单车压队的“非核家园大队”。

台湾“行政院”发言人孙立群表示，逐步走向非核家园是既定立场，没有核安（核电安全），就没有核四（核电四厂）。期盼能与社会各界持续以理性沟通的方式，共同思考台湾未来。

（三）核电监测系统24小时连续监测[3]

国家核安全局相关负责人今日我国核电厂安全改进等情况在回答记者问时表示，目前，我国已建立了比较完善的全国辐射环境监测系统，围绕核电厂周围建立了很多监测点，这些监测系统24小时连续监测。

---

1 2014年2月28日 摘自大智慧阿思达克通讯社。

2 2014年3月10日 摘自中国新闻网。

3 2014年3月11日摘自法制日报。

据这位负责人介绍，福岛核事故发生后的这三年来，我国和世界其他国家一样，为防止发生类似福岛核事故的核安全改进始终没有停止，对于更高标准的核安全追求也没有停止。

（四）国家能源局局长：坚决发展核电[1]

国家发改委副主任、能源局局长吴新雄17日到宁德核电项目调研时说，国家大力发展核电的决心是坚定的，核电在未来国家经济发展、调整能源结构、减少碳排放等方面有不可替代的作用。吴新雄表示，国家能源局将与核电企业一起以高度负责的态度，在确保安全、扎实准备的前提下，推动国家核电项目稳步前进。

（五）习近平变身核电"推销员"，中国核电"走出去"恰乘东风[2]

近日，国家主席习近平访问欧洲可谓"核元素"颇多。当地时间3月26日，在中国国家主席习近平、法国总统奥朗德共同见证下，中国广核集团有限公司与法国电力公司在巴黎签署了关于英国新建核电项目工业合作协议和关于核能领域研发、设计、采购及运维合作协议。据《每日经济新闻》记者了解，此举将开启中法合作新模式，系首次在第三国共同开发核电项目。 此次习近平主席访欧，已经连续两天力推中国核电"走出去"。此前，习近平主席在与英国首相卡梅伦会晤时，提出要在核电等领域打造示范性强的"旗舰项目"。

（六）烟台地震最新消息：周边核电站恐陷泄漏危机[3]

目前，山东烟台威海等地发生地震，根据最新消息，目前尚无人员伤亡的报告。但是，国内目前的焦点就是周边的核电站，不少人担忧地震影响到核电站，一旦泄漏，或将有重大危机。

山东省乳山核电所处的地理位置及地震情况曾引发部分民众担忧，在乳山境内发生地震历史有之。目前，震区社会稳定、秩序正常。乳山市党委政府领导也已在震区开展地震应对处置等相关工作。

---

1 2014年3月19日 摘自第一财经。

2 2014年3月28日 摘自每日经济新闻。

3 2014年1月8日摘自中国江西网。

（七）第十三届中国国际核工业展览会在京开幕[1]

以“清洁核能科技，助力美丽中国”为主题的第十三届中国国际核工业展览会15日在北京开幕。

本届展会由中国核学会、中国原子能工业有限公司等联合主办。展览会为期4天，内容涵盖了整个核工业产业链，将集中展示近年来世界核能发展的新技术、新成就和新能力，AP1000、EPR、“华龙一号”等三代核电也现身展馆。此外，在本届展会上，主办方还首次设立“大型互动体验科普园地”，通过科普书籍、图文展板、大型模型、互动游戏、动漫视频、网络答题等方式为公众介绍人们身边的核科技。

（八）韩称朝已做好第四次核试验准备，美国全天监控[2]

韩国国防部一位负责人23日表示，韩美情报当局分析认为，朝鲜已做好随时进行第四次核试验的准备。虽然现在不能透露具体情况，但目前在朝鲜发生的各种迹象与去年2月朝鲜第三次核试验时极为相似。但知名智库“北纬38度”23日表示，卫星图像没有显示出朝鲜将于近期进行核试验的迹象。

韩国国防部发言人金珉奭22日说，韩国军方监视发现，在朝鲜咸镜北道吉州郡丰溪里的核试验场人员和车辆活动频繁。韩国军方据此判断，朝鲜有可能在“近期”突然进行核试验。对于韩国方面的说法，美国国务院22日晚些时候作出回应。美国敦促朝鲜保持克制，不要作出可能威胁地区和平的任何举动。

23日，受联合国支持的全面禁止核试验条约组织说，已经启动24小时监视机制，一旦监测到任何核活动，将随时通报其成员国和联合国。在朝鲜2006年、2009年和2013年的三次核试验后，该组织都监测到相关情况并分析、通报相应数据。

（九）逾万人反核占凯道，3 800警力待命维安[3]

前民进党主席林义雄22日起展开绝食反核四。最近几天在台北自由广场、凯道和全台各地陆续有多场活动，响应林义雄废核的诉求。

26日上午，“爸爸非核阵线”等团体在凯道举行“核辐大逃杀”反核长跑活动，吸引上千支持反核的民众参加。“全台废核行动平台”则将于下午4时开始“无限

1 2014年4月16日摘自科技日报。

2 2014年4月23日摘自腾讯新闻。

3 2014年4月27日摘自大公网。

期进驻凯道”，27 日下午 2 时则举办“终结核电，还权于民”游行。

【扬言无限期抗争】

“全台废核行动平台”提出两项诉求：第一，停建核四厂，核一、二、三厂尽速除役；第二，下修“公投法”门槛，并强调如果政府不回应诉求，将无限期抗争。截至晚上 9 时，警政署估算现场民众约 1 万 3 000 人。

【警方慎防官署被占】

台北市政府警察局表示，为维护官署和游行民众及路人安全，会调派 1800 名警力负责凯道集会游行区域的交通管制与维安，并增调 2 000 名机动保安警力待命，以防发生突发状况。

（十）不堪反核压力，台湾当局宣布第四核电站停工封存[1]

民进党前主席林义雄反核禁食 27 日进入第 6 天，加上反核团体发动万人上凯达格兰大道的压力，台湾当局执政党终于让步。马英九 27 日邀请 15 个蓝营执政县市长开会后，做出一致决议，自即日起，核四（台湾第四核电站）1 号机不施工只安检，安检后封存，2 号机全部停工，宣告核四“立即停工、冷冻封存”，借以平息核四政治风暴。

马英九会后发文表示：“今天会议结论使用‘封存’核四这样的字眼，基本精神就是要为下一代保留一个‘选择权’。”

马英九称，“一旦缺电，只能自求多福。在能源多元化的时代，不论是煤炭、天然气、再生能源或核能，我们都不应该放弃任何一个选项，而应有最佳的‘能源组合’。‘封存核四’，就是当我们不用核四的时候，它不会干扰我们；但未来有需要的时候，它可多提供一个选项。反核的朋友们反核，是为了孩子；同样的，我们这样的做法，也正是为了下一代。”

台当局“政行院”发言人孙立群对此表示，核四属于停工安检状态，并非停建，“停工”属于可复工，“停建”则属于不可复工，两者仍有差异。

（十一）日本原子能规制委加强核电站及核物质防恐举措[2]

日本原子能管制委员会 4 月召集相关电力公司干部等人员，召开说明会，相互确认防范针对核电站或核物质的恐怖活动的重要性。

1　2014 年 4 月 28 日摘自中国新闻网。

2　2014 年 4 月 28 日摘自中国新闻网。

2013 年度，日本国内核电设施相继发现 3 起违反相关法律规定的事例。其中包括：茨城县东海第二核电站安全防范感应器停止工作；福井县快中子增殖反应堆“文殊”在接待参观者时，没有留下身份证明复印件。

原子能管制委员会委员大岛贤三在说明会上发言说：“为了防范恐怖主义，仅靠遵守相关法律和规则是不够的。我们必须严守纪律，并培养组织文化。”

此外，原子能管制委员会还将加强中央政府层面的相关对策。日本今后将接受国际原子能机构调查，邀请海外专家就日本的反恐措施进行评估。并研究引进相关机制，对核电站等设施内部人员的犯罪前科、病历和借债等个人信息进行确认，以防内部人员成为恐怖分子或为恐怖活动提供合作。

（十二）“反核”闹翻天，角力在“公投”[1]

民进党前主席林义雄为反核“无限期禁食”，引发台湾新的反核浪潮。此次反核者打“悲情牌”以死相逼，真实意图是修法降低“公投”门槛，达到很容易就实施“公投”，为将来发动“统独公投”埋下伏笔。

就在“躺占”事件进行之际，马英九与蓝营当政县市长开了近 3 小时会议后，决定“核四一号机不施工、只安检，安检后封存；二号机全部停工”，这其实已形同“封存”核四。但民进党与林义雄仍不满意，说停工不同于停建，要求立刻停建核四，彻底废核。

4 月 30 日，林义雄宣布停止禁食，宣称 5 月 4 日上凯道大规模禁食的“反核平台”也暂时收起锋芒，取消上凯道，废核攻防转入“立法院”议事角力。

如果门槛降低之先例一开，将后患无穷。日后不同意执政当局政策者，便会发动“公投”，由于门槛低，“公投”可能很容易通过。如果另一方不同意此“公投”结果，又会发动另一场“公投”，闹来闹去，台湾社会将永无宁日。因此，国民党当局在此问题上让无可让。而绿营则步步进逼，想为将来发动“统独公投”开一条路径，通过操作“反核公投”为以后作预演。

（十三）日本两前首相建社团法人反对安倍内阁核能政策[2]

据日本时事通讯社报道，当地时间 7 日晚，日本两位前首相小泉纯一郎和细川护熙将在东京都内召开“脱核电”的核心“自然能源推进会议”社团法人的成立总会。

1 2014 年 5 月 1 日摘自人民日报海外版。

2 2014 年 5 月 7 日摘自中国新闻网。

日本政府在今年4月份的内阁会议上通过了《能源基本计划》，将核电定位为“重要的基荷电源”并写明推动核电站重启的方针。

小泉和细川二人在2月份的东京都知事选举后，继续反对重启核电及核电出口，此次联系相关著名文化学者等，正式展开反核运动。

细川将在今晚的会议上宣布就任该社团法人的代表理事。发起人除小泉和细川外，还有哲学家梅原猛、演员菅原文太、作家濑户内寂听等，共计13人联名。

该团体今后将在福岛及新潟县等设有核电站的地区召开对话集会，并提出电力、能源方面的政策。

（十四）日本生活党代表欲与小泉纯一郎合作推进零核电[1]

据日本《产经新闻》5月13日报道，日本生活党代表小泽一郎12日在记者会上表示，愿意与以零核电为目标的“自然能源推进会”团体成立者、小泉纯一郎及细川护熙两位日本前首相合作。

（十五）德国废弃核电厂被改建成主题公园，核电设施变游乐项目[2]

在德国有这样一个特殊的主题公园，这个主题公园是在2011年由德国一座废弃的核电厂改建而成的。据gizmag网站，德国预计将在2022年关停境内的几乎全部核电厂，对于德国政府来说，如何处理占地面积颇大的核电厂成为一个难题。

主题公园占地面积55万平方米（相当于80个足球场的大小），游乐设施繁多，连接设备与电源的电线总长度可绕地球两圈。主题公园内尽是花草和水池，还有一栋有450间房间的酒店、多家餐馆和酒吧。游乐设施包括一座保龄球场、迷你高尔夫球场、网球场、沙滩排球场、户外赛车中心和超过40种游乐项目。游乐园的地标建筑就是前核电站的冷却塔，它的内部被改造成了空中秋千，外部由设计师画上了连绵起伏的雪山，外墙还变成了攀登墙。

（十六）北京将实现放射源GPS定位[3]

记者上午从北京市环保局了解到，针对前几日南京市发生的探伤放射源丢失

---

1 2014年5月13日摘自新浪网。

2 2014年5月13日摘自观察者。

3 2014年5月15日摘自法制晚报。

重大事故。北京市环保局高度重视，在一周内，联合公安部门对全市放射源探伤单位进行一次专项检查，并将建立本市放射源监控体系，加强对放射源在运输、使用全过程的实时监控，实现放射源 GPS 定位。

（十七）南京加强青奥期间放射源监管，叫停放射源探伤工作[1]

江苏省将加强南京青奥会期间放射源监管，从今年 7 月底至八月，放射源探伤工作一律叫停。同时，环保部门表示，近期他们将全面排查放射源使用单位的安全隐患，要求使用单位严格自查、整改。

（十八）核一废料冲击民众健康，岛内民间反核团体提告尽速处理[2]

反核团体 19 日上午到台北高等行政法院递状，要求法院撤销“原能会”同意台电核一厂的干式贮存设施热测试处分。反核团体表示，“原能会”在 2013 年 9 月 24 日同意台电执行核一厂用过核子燃料干式贮存热测试作业，把具高放射性且使用过的核燃料，采空气对流冷却干式贮存设施，威胁北部民众安全。反核团体要求台电无法确保安全无虞时，不能装填用过核燃料；用过燃料池已爆满，老旧核电厂该除役；先提出迁出核废料，再谈暂存不会变最终处置。

（十九）日本核电事业震灾后受挫，能源自给率创历史新低

日本经济产业省公布的一项统计数据显示，2012 年该国能源自给率仅为 6.0%，相当于 2011 年东日本大地震发生前的三分之一。主要原因是福岛第一核电站事故发生后，被视为“准国产能源”的核电利用逐年下降。日本经济产业省将在 6 月进行阁议的《能源白皮书》中进行说明。

（二十）日本法院首次作出“禁止核电站重启”判决[3]

日本福井县居民等以关西电力公司在福岛核事故后安全无法保障的情况下重启大饭核电站 3、4 号机组为由，起诉要求禁止重启一案，福井地方法院 21 日作出判决：勒令目前正在接受定期检查的 2 个机组不应运转，以“抗震结构存在缺陷”为

1　2014 年 5 月 15 日摘自人民网。

2　2014 年 5 月 19 日摘自华夏经纬网。

3　2014 年 5 月 26 日摘自环球网。

由不允许重启。这是福岛核事故后，首个判定核电机组不得重启的判决。关西电力方面计划提出上诉。审判长樋口英明批评大饭核电站的安全技术和设备“没有确切证据，仅凭乐观的预想构成，十分脆弱。”他表示，“既然存在危险性，当然应该停止运转。”

（二十一）法国法院警告核电生产成本高攀[1]

法国审计法院对核电生产发出警告。审计法院指出，2010年到2013年期间，法国核电生产成本飞升20.6%，达到每兆瓦时59.80欧元。核电竞争力下降受多种因素影响。审计法院的报告指出，唯一降低成本的办法是将反应堆运营年限从40年延长到50年。在年限延长情况下，审计法院估测2011年到2025年的核电成本仍比法国电力公司估测高出10%。

（二十二）阿塞拜疆计划2014年年底兴建一座核电站[2]

近日，阿塞拜疆通信与高科技部在其官方网站公布，将大力发展核能发电。计划于今年底，在首都巴库（Baku）以北15公里处兴建一座核电站，项目预计将在3到4年内完成。通信与高科技部部长AliAbbasov透露，电站将建设几座核反应堆，但他没有提及电站具体规模及项目成本。

据阿塞拜疆媒体报道，该国政府强调，阿塞拜疆的核能力将“用于和平目的”。不过，该国行业专家和环保人士对于总统伊利哈姆•阿利耶夫没有将项目交由能源部或是工业经济部负责，而是交给了通信与高科技部负责，表示困惑不解。他们认为，现年61岁的Abbasov虽然拥有微电子学博士学位，对数码IT业有很高的热情，但是他在核能领域的经验几乎为零，更不用说担当起一个国家核电产业负责人的重任。

（二十三）日核电站停运导致其温室气体排放量增长[3]

日本政府内阁会议17日通过的《能源白皮书》说，由于日本核电站全部停运，对煤炭和石油等化石燃料的依赖程度增加，日本2012年度（2012年4月至2013年3月）的温室气体排放总量上升到13.43亿吨，比2010年度增加6.9%。

---

1 2014年5月29日 摘自经济参考。

2 2014年6月16日摘自中国国家招标网。

3 2014年6月17日摘自中国科技网。

白皮书说，由于大地震导致福岛核电站发生重大事故，最终迫使日本全部核电站停止运行，核电退出产生的电力供应缺口只能通过火力发电来填补。

在日本2013年度（2013年4月至2014年3月）的电能构成中，天然气发电占43%，煤炭发电占30%，石油发电占15%。电力供应对化石燃料的依存度达到88%，超过了1973年第一次石油危机时的80%。

白皮书说，核电站的全面停用，不仅对日本经济造成负面影响，而且还产生了环境问题。由于电能对化石燃料的依赖程度大幅增加，日本温室气体总排放量不减反增。

(二十四)国家核电"联姻"中电投，核电技术之争或加剧[1]

在国内核电建设进展不如人意的背景下，国家核电技术公司和中电投集团联合重组消息持续发酵。国家核电技术公司日前首次对网易财经确认，重组工作正在进行中。

这两大巨头的强强联合被认为将形成中国核电建设的"三家争霸"局面，而争霸背后，更是涉及延续多年的核电技术路线之争。国家核电技术公司从美国引进的AP1000和中核、中广核两家力推的"华龙一号"，谁能在核电建设裹足不前中取得政府更大支持，值得关注。

据《财经》报道，中电投集团总经理陆启洲日前证实，中电投集团和国家核电技术公司（简称"国家核电"）双方有意向进行合并，正在研究此事。对于联姻中的另一家已经公开表态，国家核电方面也不再遮遮掩掩。该公司新闻发言人日前在回应网易财经询问时确认重组确有其事，"工作正在做，但是没有更多信息可以披露"，"现在不是说的时候"。

根据媒体此前报道，两家公司正在就重组整合制定方案，即将上报。至于具体进展外界还无从知晓，陆启洲则透露，双方合并也面临一些问题，比如新公司的发展战略以及人事安排等都需要解决。

(二十五)美媒：中国加快审批东部沿海地区核电项目[2]

外媒援引中国媒体的报道称，在中国国家主席习近平呼吁加快发展核能的情

1 2014年6月25日摘自网易财经。

2 2014年6月28日摘自参考消息。

况下，中国监管机构对东部沿海地区核电项目的审批工作正在提速。美国《福布斯》杂志网站6月26日报道称，预计中国最高经济规划机构——国家发展和改革委员会将对山东、浙江、广东和辽宁等省份的一系列核电建设项目开绿灯。该机构列出的项目名单包括海阳核电二期工程和三门核电站项目，这些核电项目都将使用西屋公司的第三代AP1000反应堆。

（二十六）核安全是国家安全的重要组成部分[1]

2011年3月11日，东日本大地震诱发海啸，引发日本福岛第一核电站发生特大核事故。日本国会"福岛核事故调查委员会"发布的调查报告指出，虽然地震和海啸是引发核事故的直接原因，但是事故的根本原因"并非自然灾害，明显是人祸"，根本原因应从东日本大地震发生前寻找。报告认为，可以推断的是，福岛第一核电站"曾处于无法保证可抵御地震或海啸的脆弱状态"。"尽管有机会采取措施，核安全监管机构和东京电力公司管理层蓄意拖延决策，没有及时采取措施。"报告强调，东京电力公司与作为监管部门的日本原子能安全委员会没有做出必要的防灾准备。事故发生后包括时任首相菅直人在内的政府高层"过于介入事故处理现场，造成指挥系统混乱"。福岛核事故对日本经济、人民生活、生态环境、能源安全造成重大影响，直接加速了菅直人内阁辞职，日本民主党由执政党沦为在野党。

我国核能与核技术利用事业保持良好的安全业绩，运行核电机组从未发生过国际核事件分级（INES）2级及以上的运行事件，核电厂周边环境辐射水平处于天然本底正常涨落范围内。辐射事故年发生率由20世纪90年代的每万枚6.2起下降至目前的每万枚2起以下，但也发生过多起放射源丢失被盗事件，例如，2009年夏，河南杞县利民辐照厂发生钴-60放射源卡源事件，造成公众恐慌，周围数万群众逃离现场，被称为"杞人忧钴"。最近南京一枚用于探伤的铱-192放射源丢失，3日后在事发地1公里外找到并安全收储，放射源没有对周边环境造成污染，1人因轻度急性放射病，接受治疗，事件引起社会公众和媒体的高度关注，一度成为舆论焦点。可见，核安全无小事。

核安全事关核能与核技术利用事业发展，事关环境安全，事关公众利益，我国是核大国，目前共有运行核电机组19台、在建核电机组29台，核电总规模位居世

1　2014年7月6日摘自求是理论网。

界第四。我国在用放射源10万余枚，涉及单位1万余家，在用射线装置12万余台（座），涉及单位近5万家，核设施覆盖全国31个省市自治区，核安全压力持续增大。环境保护部（国家核安全局）是负责全国民用核设施安全监管的政府机构，作者作为本部核安全总工，深感使命神圣，肩负重任。通过分析核安全与总体国家安全体系中各要素的关系，结合核安全观精神实质，提出在总体国家安全观指引下加强核安全工作的建议。

刘华总工从核安全与国家安全高度统一，核安全与国家安全体系中各要素直接相关，加强我国核安全工作的思考和建议三个方面对核安全对于国家的重要性进行了阐述。并在文章最后强调，"通过认真学习领会习总书记的总体国家安全观和中国核安全观，进一步坚定了我们在确保安全的基础上，高效发展核能的决心。作为我国核安全监管部门的一员，我将兢兢业业、不辱使命、努力作好核安全工作，为促进我国核能、核技术事业又好、又快、安全发展做出贡献。"

（二十七）全国中学生核电科普夏令营收官[1]

"'每一个珍珠原本都是沙子，但并不是每一粒沙子都能成为一颗珍珠'，核电'黄金人'原本也只是最普通的沙子，但是他们通过常人难以想象的高强度学习，转沙成珠。"第二届"魅力之光"杯全国中学生核电科普夏令营营员张清琳读懂了世界上最"可怕"的两个词——"认真、执着"。历时五天，夏令营18日在连云港完美谢幕。

夏令营期间，来自全国11个省市的30多名优秀中学生营员们倾听了三位院士的核科学家成才及核工业发展故事的讲座，并走进田湾核电站，参观了科普展厅，实地测量了环境剂量，与核电站操纵员——"黄金人"面对面交流，体验了核电和核电文化的魅力。

（二十八）核电安全新计看点[2]

发生于2011年的福岛核事故，是核电发展史上最为严重的核安全事故之一，不仅给日本带来了巨大损失，同时还给世界各国的核安全保障敲响了警钟。中国高速发展的核电建设也因此降温，核电业在反思的同时，亦在寻找更安全有效的核

1　2014年7月21日摘自科技日报。

2　2014年7月21日摘自财经国家新闻网。

电路径。

【水核共建？】

专家评审结果显示，地下核电站的优势突出，由于核岛置于山体岩洞内，增加了屏障，提高了抵御飞射物、恐怖袭击、台风、海啸等外部事件的能力。相较于地面设施，置于地下的设施受地震的冲击相对较小，同时也增强了放射性的辐射防护能力。但建设成本不容忽视。一位参与了该项目评审的国家核安全局专家告诉《财经国家周刊》记者，"如果仅仅将地面核电站，简单地复制到地下，就经济性而言，非常不可取。""水核共建，地下核电站能利用水电站的工程资源，可实现优势互补。"核反应堆及核电工程专家叶奇蓁告诉《财经国家周刊》记者，"地下核电研究刚刚起步，现在看投资成本过高，但并非不可解决。"正如常规核电站的经济性在起初也有问题，但随着技术进步成本是可以下降的。

【"小型堆"解困】

在国内内陆核电站建设依然陷于安全性困顿的眼下，"小型堆凭借其自身优势，很可能会成为打开内陆核电困局的钥匙"，中电投内部人士告诉《财经国家周刊》记者。小型堆核电的最大优势就在于安全性能高，厂址条件要求简单，模块化建造更为灵活、建设周期短、成本相对较低。据了解，国家核安全局也在积极推动小堆核电站发展，2013 年开始立项、调研有关小堆核电站的安全法规、安全审查、安全监管等问题。

（二十九）核电大发展应"点、面"结合[1]

7 月 18 日，国家主席习近平同阿根廷总统克里斯蒂娜进行会谈后共同签署发表中阿联合声明。声明中提出，中阿双方签署了"关于合作在阿根廷建设重水堆核电站的协议"。这是中国核电走出去的最新"落子"。现在中国核电的海外"落子"已初具格局，抢占了几个"点"位。但中国要想在核电走出去取得更多"点"位，则需要做好技术提升和国内推广应用这个"面"。"点、面"结合之后才能起到促进中国核电技术进步和产业升级的作用。

自去年底以来，国家主席习近平和国务院总理李克强多次在与外国领导人的会晤中力推中国核电，促成中国核电企业相继在英国、罗马尼亚、巴基斯坦、阿根廷等国获得了项目机会。现在，中国核电"走出去"抢"点"布局已成，后续就是要做好

1　2014 年 7 月 23 日摘自证券日报。

技术提升和国内推广的示范作用，才能在海外扩充空间。

截至目前，我国投入商业运营的核电机组达到17台，总装机容量约1500万千瓦，在建的核电机组31台，装机容量近3 500万千瓦，在建核电机组规模居世界首位，占全球在建规模约45%，是世界上核电发展最快的国家。

国家能源局发布的《2014年能源工作指导意见》提出，今年核电新增装机量将达864万千瓦，相当于2013年实际装机容量的4倍。

核电标准正在加速确立。国家能源局6月末发布今年第4号公告，批准了《核电厂核岛机械设备材料理化检验方法》等164项行业标准，其中核电标准最多，达81项，包括主泵电机，仪表控制设备、模块设计、工程、堆芯冷却、压水堆反应堆、常规岛等。随着这些核电标准的确立，后期项目推广复制进度将加快。

因此，做好国内核电建设这个“面”将有益于核电技术提升和产业升级，而国内的良好示范作用对于核电“走出去”抢“点”将起到积极推动作用，国际竞争的加剧又将逼迫国内核电技术进步和产业升级。如是，“点、面”互相结合、互相促进就将成为中国核电产业大发展的动力源泉。

（三十）建核电站后辐射水平没变化[1]

7月23日，“粤来粤好——2014年网络名人看广东”活动进入第二天，网络大V们来到大亚湾核电基地后，纷纷变成了这个“能源巨人”的“粉丝”。

“深港双方20年来的持续监测显示，大亚湾核电基地投产前后，当地的辐射本底水平没有发生变化，区域内陆地、海洋生物种群数量没有发生变化。”自1991年以来就在大亚湾核电站从事辐射防护工作的黄工，手持检测仪器，随时向记者展示着园区内的辐射情况。多个监测点的数值显示，大亚湾核电基地的辐射水平仍是天然本底水平。

不过，因为福岛核事故的影响，在场的网络名人们还是对核设施的应急工作提出了疑问。“为防止类似福岛核事故的氢气爆炸和堆芯熔化等风险，基地从设计、建造、运行等各个角度都进行了有针对性的预防和应对，设置了多个专门安全系统，并采用了冗余设计。”现场的工作人员对此进行了详细的解释，“比如说，在失去外电源的情况下，我们的设施可由应急柴油机供电。而在每台核电机组分别配备应急柴油机的前提下，我们还专门增加了一台备用的移动柴油机。针对可能出

1 2014年7月24日摘自南方日报。

现的氢气爆炸风险，基地不仅设置了多种可靠的监测方式监测主系统中的氢气浓度，还通过氢气复合器和氢气点火器等专设安全设施控制事故情况下的氢气水平。”

湛蓝的水池清澈见底，让人有种忍不住跳下去游泳的冲动，随着操作间指令的发出，水底的核燃料组件被机械手抓着缓缓向指定位置移动。不过，当大家知道眼前的这个水池造价高达2亿元时，都显得格外惊讶，这里，就是国内唯一一个核燃料操作员培训设施。

“以前，中广核的核燃料操作人员都必须送往国外培训，现在不用啦。不仅如此，国内其他核电基地的工作人员也都纷纷到这里来培训。”中广核的工作人员格外自豪地向大家表示，今年2月，中广核首次核燃料操作人员资质考核认证工作在这里顺利开展，标志着该公司在该领域的培训与授权工作全面实现自主化，结束了核燃料操作人员必须送至国外培训的历史。

（三十一）环保部人士：核电项目迅速膨胀，监管存问题[1]

7月29日下午，环保部核与辐射安全中心设备监管部副主任黄炳臣在2014年中国核电可持续发展论坛上从核电监管法律、人力和经费等方面阐述了目前核电监管体系存在的问题，他提到，目前全国在建的核电机组有30个，而环保部监管队伍只有100多人，而且分布在不同的单位，监管没有形成合力，造成监管力量分散。

黄炳臣还提到，目前在中央严控财政经费的大前提下，面对迅速膨胀的监管项目，“我们监管经费不足，监管技术设施配备不足，实验设施是空白，核设备的监管也是单一的。”不过，在核电重启提速的大背景下，核电安全性依旧被专家们再次强调。

中机联原核电办公室主任、国核技专家委员许连义在上述会议上表示，目前“我们对于核电站健在内陆地区的安全问题担忧是多余的”，而且“近段时间的雾霾天气已经给我们敲响了警钟，我们应该大力发展清洁环保的核电能源。”许连义列出了这样一串数字来说明内陆核电的安全性：目前全世界共有435台核电机组，总装机容量达到3.7亿千瓦，核电发电量占到全世界发电量的15%左右，而我国仅有20台机组，装机年发电量也仅仅为1 800万千瓦，我国核发电量所占不到总发电量的2%，远远低于全世界的平均水平，更不用和核电发达的美国和法国相

1 2014年7月29日摘自每日财经新闻。

比。美国机组达到104台，年发电量突破1亿千瓦，法国核电有59个机组，核电所占国家发电总量更是接近难以想象的80%，“而且他们的核电站也大多建在内陆地区”。

（三十二）环保部：云南地震震区核与辐射环境处于安全状态[1]

中国环境保护部4日部署云南鲁甸地震的环境应急工作。环保部透露，目前地震震中所在的龙头山镇自来水厂经抢修恢复供水，鲁甸县城用水未受影响。震区核与辐射环境处于安全状态。环保部门正组织对震区及牛栏江水体进行应急监测。

3日，云南省昭通市鲁甸县发生6.5级地震。记者从环保部获悉，环保部第一时间致电云南省环保厅，并于4日召开部长专题会议研究灾区环境状况。

根据目前掌握的情况，环保部部长周生贤要求迅速排查地震灾

区环境风险隐患，重点摸清危化品及重金属生产加工企业、尾矿库情况，发现问题及时处置。同时，在灾区全面开展饮用水源地水质应急监测，迅速调配一批快速监测仪器，视灾情拨付救灾资金，配合地方政府做好民众供水保障；并加强核设施和放射源安全管理，确保不发生核与辐射安全事故。

（三十三）秦山核电方家山项目场内外核应急联合演习暨“秦山-2014”浙江省核应急联合演习成功举行[2]

8月8日上午，海盐县成功举行方家山1号机组首次装料前场内外核应急联合演习暨“秦山-2014”浙江省核应急联合演习。本次演习是经国家核应急协调委批准，在秦山核电厂扩建项目（方家山核电项目）1号机组首次装料前举行的场内外核应急联合演习。演习由浙江省核应急指挥中心、海盐县核应急指挥中心及秦山核电基地三方共同实施。浙江省副省长熊建平任省核应急指挥中心总指挥，海盐县委副书记、县长章剑任县核应急指挥中心总指挥，中核核电运行管理有限公司总经理张涛任秦山核电基地现场应急总指挥。

来自国家核应急协调委、中国人民解放军总参谋部、国家环保部、国家核安全局、国防科工局、国家能源局、国家海洋局、国家气象局、清华大学、中国核能行业协

1　2014年8月5日摘自华夏经纬网。

2　2014年8月11日摘自嘉兴在线-嘉兴日报。

会等专家组成的评估团，全程跟踪演习进展，并对演习开展情况进行综合性评估。

（三十四）我国首个核电科技馆正式对外开放[1]

8月6日，山东核电科技馆举行了“公众开放日”活动，并正式对外开放。该科技馆由中核武汉核电运行技术股份有限公司总承包并设计实施，是国内首个以核电为主题、面向公众尤其是青少年群体，系统性地宣传和介绍核能及其应用的科技馆。该场馆的开放填补了国内科技场馆在此领域的空白，它的建成，也标志着中核武汉核电运行技术股份有限公司具备了大型科普展馆总体设计与项目实施的能力。

山东核电科技馆作为全国首个核电专题展览馆，其建设目标是打造国际先进、国内一流的核电专题科普宣传场馆，面向社会公众开展核能及核电专题知识科普宣传与教育，加强公众对核能与核电基础原理及应用的认识和理解，消除公众对核的偏见和恐惧。据了解，该科技馆包括“人类与能源”，“神奇的核能”，“走进核电站”、“未来能源”四大主题展区，共51个展项。

（三十五）核安全是最大的环保[2]

【理性看待核能的负效应，积极应对核能“风险社会”的放大效应】

核能在发电过程中可能导致的核辐射、核泄漏等危害随着核能遭受污名化的命运而被等同于原子弹，也成为风险社会关注的焦点。其实不是所有的放射性都会给人类带来致命风险，放射性也不是核能的专利，人类所接受的辐射总剂量中仅有0.25%来源于核能。要在风险社会构建核能安全信念，必须增强公众对核能风险的可接受性。环境保护部副部长李干杰指出“公众的可接受性问题已经成为核电发展的关键性问题，后续核电能不能发展、怎样发展、有没有前途，关键在于能不能处理好这个问题。”

【核事故风险主要来自于人的行为、规程的遵守和核安全文化】

核能风险受主体心理、角色立场与文化意识等多重因素影响，而且随着技术进步，核能风险的评价标准亦随之提高，过去被认为低风险的核能今天可能被认为风险丛生。同时核能安全是一个概率性范畴，并不存在绝对可靠的能源安全。我国核电技术具备一定的后发优势，与40年前设计的福岛核电站不同，是在吸取了

---

1 2014年8月11日摘自中国核工业集团公司。

2 2014年8月13日摘自环球时报。

国际先进技术形成的二代改进型的核电技术，同时也吸取了现在正在开发建造的三代核电的一些理念和技术。自1991年秦山一期核电站并网发电至今，我国已有17台核电机组运行，29台核电机组在建。多年的监测结果表明，我国核电站的安全运行业绩良好，运行水平不断提高。

【建立独立、权威、有效的核安全监管体系，形成“严之又严、慎之又慎、细之又细、实之又实”的监管能力，守护核安全】

国家核安全局对核电厂实行全寿期、全过程、全面连续的监督，包括选址、设计、建造、运行、退役、设备制造、人员、应急等各个方面。因此存在于某些行业中“安全标准执行打8折，施工质量低劣”的情况，在核电厂设计建造中根本不可能存在。核电厂的建设和运行是时间跨度长、活动复杂的系统工程，必须在“严之又严、慎之又慎、细之又细、实之又实”的监督检查中与不断改正不符合项中得以实现。然而，环境保护部核与辐射安全中心主任李宗明指出，“中国核安全需要正视的问题很多，核安全领域多头监管的现状、各利益集团的互相牵制，核电安全监管体制必须改革，建议尽快打破核电领域发展第一、安全为辅的行政体制格局”。

核安全“事关环境安全，事关公众利益，事关社会稳定”；核安全是“核能与核技术利用事业发展的生命线”，是“最大的环保”。我们应该正视核能安全风险，吸取核事故教训，采取有效措施，增强核能的安全性和可靠性，推动核能的安全、可持续发展。

（三十六）核电发展需主动揭开“面纱”[1]

当前，我国已经将核能发电放在重要能源部署地位上，政府不断加大对核电发展方面政策和资金的支持力度。核能的发展和广泛应用给人类社会带来了巨大的利益和切实的好处。

我国核电发展也存在困境和挑战，其中包括核安全问题、核废弃物处理问题、政治问题以及公众可接受性问题等。其中，最重要、也是最迫切的，就是公众可接受性问题的解决。公众可接受性是我国核电繁荣发展的关键因素，所以对于公众对能源和相关环境问题的选择程度与接受程度方面一定要引起重视，相关宣传和教育交流要加大力度，提高核电产业发展的透明度，揭开中国核电“面纱”，并且要继续保持核电站运行的高度责任心，持续强化安全文化。

1　2014年8月14日摘自中国产经新闻报。

所谓的“揭开面纱”，主要有两个方面：一个是运营透明，一个是监管透明。8月7日，中国广核集团有限公司举办了第二届“8•7公众开放体验日”活动。活动以“透明的责任”为主题，中广核特别邀请到国家核安全局全程参与，这充分展现了核电企业运营透明、坦诚对待公众的态度，同时也体现出我国核安全监管的“透明”。

那么，如何提高核电企业运营透明度？核电专业性较强，对于公众而言，存在一定的神秘感和恐惧感。基于此，在核电安全运营的前提下，广大核电企业应该坚持公开透明的运营原则，及时地公开安全信息和监测指标等内容，定期地开展各类核安全沟通活动，以通俗易懂的方式为公众答疑解惑，充分做到“去核电神秘化”，提高核电透明度，建立顺畅的沟通平台，听取各方意见，让更多的人认识核电，让核电发展更好地接受社会各界的审视和监督，构建核电企业与公众之间的持久信任关系。另外，各大核电公司之间应当加强交流，互相学习，找到能够有效与公众建立良好沟通的方式方法，形成常态化机制，核电企业应该把责任理念与生产经营理念进一步的融合，不断推动企业快速健康发展。同时，还应提高监管透明度。与公众建立良好的沟通不仅仅依靠企业自身，也要发挥政府监管部门的力量。

核安全局在监管过程中应当实施全过程，全方位的监管，增大监管人力，保证各种例行核安全监督行为正常进行。同时，中国核安全监管也应该多学习国际上的优秀做法和经验，建立较为完善和系统的核安全法规标准，做好对核电厂每个运行阶段资质许可的监管工作，严格核安全技术审查工作。作为监督管理部门应该及时且真实地向公众公布检查结果，对于符合标准的企业予以表扬或者奖励，对于不符合标准的企业也要敢于披露揭发，加以严惩，让核电企业形成自我约束，自觉遵守国家标准要求。

（三十七）中国加强核事故应急，谨慎稳妥推进核电发展[1]

日本福岛核事故曾一度使如火如荼的中国核电建设陷入停滞。继去年年底中国限制性重启核电审批，国务院又于近日批准发布修订版《国家核应急预案》，显示了中国政府在稳妥推进核电发展、重视核安全上的谨慎态度。

记者从3日启动的全国核应急宣传周活动上获悉，国务院已于6月30日批准发布修订版《国家核应急预案》。与上一版（2005年发布）相比，修订版预案在对近些年国内外关于核应急工作经验进行总结的基础上，新增加并明确了各级核应急

1 2014年8月15日摘自：新华网。

指挥部的职责，规范了信息报告与发布程序。

“尽管核电站发生严重事故的概率极低，但极低不等于零，确保安全是发展核电的前提，中国必须大力加强核事故应急准备工作。”中国工程院院士、中国核工业集团公司科技委员会主任潘自强对记者说。

曾组织开展福岛事故经验反馈活动的中国环境保护部核与辐射安全中心总工程师柴国旱认为，日本福岛事故给世界核电发展提供了重要的经验教训，中国核电厂对极端外部事件影响的评估、核电的监管、相关法规和队伍的建设需要进一步加强。中国要汲取福岛核事故的教训，在确保安全的前提下稳步高效发展核能。

在一年多的沉寂后，中国国务院于去年年底表示要稳妥恢复核电项目正常建设，“十二五”时期不安排内陆核电项目，并要求按照全球最高安全要求新建核电项目，机组必须符合三代安全标准。潘自强指出，虽然世界核电建设在日本福岛核泄漏后发展步伐放缓，但发展核能仍是大势所趋。据统计，截至 2012 年底，全球运行核电机组达 435 台，为世界提供了 16% 的电力供应。全球核电装机容量最大的美国已经正式开工建造 30 多年来第一个新核电项目，俄罗斯、韩国、印度等也都在继续开展核能建设项目。潘自强表示，核电安全、清洁，如果不发展核电，中国的减排目标很难完成。作为一个人口众多、能源和环境问题十分突出的国家，发展核能是解决中国能源可持续发展的重要途径。

中国原子能科学院复院长刘森林认为，核事故对公众心理层面上的影响尤为显著，中国在发展核电的同时，应该在选址、环境评估、事故披露等环节保持信息公开，提高公众对核安全的认识，共同促进核电行业科学发展。

（三十八）我国核与辐射安全监管 30 年历程[1]

2014 年 3 月，习近平主席在荷兰海牙举行的第 3 届核安全峰会上首次提出了理性、协调、并进的中国核安全观，明确指出“我国将坚定不移增强自身核安全能力，继续致力于加强核安全政府监管能力建设，加大核安全技术研发和人力资源投入力度，坚持培育和发展核安全文化。”这些新论断和新要求将我国核安全的战略定位推向了新的高度，并为核与辐射安全监管工作的深入开展指明了方向。国家核安全局作为我国主管核与辐射安全工作的监管机构，自 1984 年 7 月 2 日成立至 2014 年，已经走过了 30 年的发展历程。

1　2014 年 8 月 21 日摘自中国环境报。

总体来看，监管历程可以分为 3 个阶段：

【起步探索（1984—1998 年）**】**

自 1984 年至 1998 年，国家核安全局作为国家核安全监管机构从“代管局”、“归口局”到“内设职能局”，一直由国家科学技术委员会统一管理。监管职能不断扩充。对我国民用核设施统一进行核安全审查、监督和管理，逐步扩展到对核电厂、研究堆和核燃料循环设施的审评、监督和管理以及核材料管制和核安全技术与管理的科学研究等多个领域。

为更好地执行监管职能，我国先后建立了上海、广东、成都以及北方地区监督站作为国家核安全局的派出机构；北京核安全中心作为国家核安全局直属的技术支持单位建立起来，其他包括北京核安全审评中心、苏州核安全中心在内的 4 家技术后援单位在对核安全监管活动的实施过程中发挥了重要的技术支撑作用；局机关、派出机构和技术支持单位“三位一体”的组织体系雏形开始形成。

从 1986 年发布了《民用核设施安全监督管理条例》开始，相关部门规章、导则和技术文件陆续制定和发布，使得核安全监管逐步纳入了法制轨道。为适应我国核设施建设的发展情况，开展了对秦山核电厂的追溯性审评和大亚湾核电厂的全面审评监督；对在运研究堆进行了追溯性审评，对新建研究堆开展全面安全审评，同时将核燃料循环设施纳入严格的安全监管，并通过地区监督站对各核设施安全进行了统一监督管理，通过审评和监督活动改进完善了方法、规范了程序、锻炼了队伍。在核安全国际合作方面也开展了大量卓有成效的工作。

【整合提高（1998—2008 年）**】**

1998 年，国家核安全局整建制地并入原国家环境保护总局，设立了核安全与辐射环境管理司，作为原环保总局的职能司。核与辐射安全监管工作得到加强和提高，被确立为环保工作的三大重点领域之一。监管职能得到扩充，尤其是于 2003 年整合了原由卫生部门承担的核技术利用项目辐射安全监管职能。

国家核与辐射安全监管职能的行使由核安全与辐射环境管理司承担，东北和西北核与辐射安全监督站陆续成立，监管组织体系逐步完善。法规标准体系更为完善。一些高层次法律、条例的颁布取得重大进展。监管对象空前膨胀并不断增加。按照分类管理、分级管理、“谁审批、谁监督、谁负责”的原则，严格实行分阶段安全许可证管理制度，并逐步具备了完整、独立、有力的执法权力和手段。通过加强核电厂、研究堆及核燃料循环设施的安全审评和监督，提高核事故应急准备和响应能力，推广核承压设备许可证的管理等重点工作，推动了核与辐射安全监管水平的整体提升。

【快速发展（2008 至今）**】**

两次重大的机构调整为国家核与辐射安全监管机构的发展提供了契机。一是2008年国家核安全局牌子由环境保护部保留，国家核安全局保留行使对民用核设施的安全监管以及对外合作的职能；二是2011年原核安全管理司扩编为核设施安全监管司、核电安全监管司和辐射源安全监管司。监管职能有所调整，职能划分更为明晰。中央本级“三司、六站、两中心”“三位一体”的监管组织体系不断完善。地方监管机构持续壮大，部分省市设立了地方核安全局。对运行和在建、拟建核设施项目的安全监管和审评工作进一步加强，民用核安全设备监督管理进一步规范，核设备现场监督制度建立并逐步健全。核技术利用辐射安全监管力度逐渐加大，放射性同位素和射线装置安全监管基本规范，辐射安全状况明显好转。通过全国核技术利用专项行动，核实了全国现有核技术利用单位数量，并全部纳入许可管理，许可证发放率达到100%，辐射事故发生率明显降低，废物处置场建设继续推动，放射性废物安全监管得到强化。全国城市放射性废物库已全部完成建设，并投入运行，三大中低放废物处置场工程稳妥推进。电磁辐射环境监管出现新起色。

2013年，“核安全法”立法工作取得突破，已被全国人大常务委员会列为立法规划二类项目，“核安全法”立法实现了实质性突破。

应急监测能力提升，监测体系不断健全。民用核设施应急准备与相应工作的监督检查工作不断强化，核事故应急基础能力建设得到加强，核与辐射监测能力建设项目全面推进，覆盖全国的辐射环境监测网络体系初步形成，核与辐射安全监管技术研发基地项目逐步取得进展。

福岛核事故后，开展了两次大规模的全国综合性和专项安全检查。对运行和在建核设施提出了安全改进要求，并开展了福岛后安全改进行动。开展了全国核技术利用、铀矿冶及放射性物品运输辐射安全检查专项行动。《核安全与放射性污染防治“十二五”规划及远景目标》发布并不断落实。

（三十九）香港未来核电或成较好选择[1]

在香港现时的能源燃料占比中，近四分之一的燃料来自核电，近四分之一来

1　2014年8月26日摘自星岛日报。

自天然气，其余为煤炭及其他可再生能源。近几年来，中国华南地区的空气质素欠佳，环保人士认为是火电排污所致。在香港，烟雾使当地2006年大气能见度不及1公里超过50天，2010年上半年香港的低能见度时数高达698小时。尽管粤港双方近年来加大了减排的合作力度，但降低火电比例、增加清洁能源发电比例已经成为香港社会的共识。不同种类的清洁能源，例如天然气、核能或风电等的使用，对于香港来说，都有价格差异以及环保等方面的优劣。

近年来，世界各地的核电站不断采用安全有效的方式，从少量的核燃料提取商用规模的电量，对环境带来的影响极轻微。以大亚湾为代表的中国核电保持经济安全高速发展，据数据显示，截至今年6月30日，大亚湾核电站1号机组已连续安全运行4 203天，岭澳一期1号机组也已连续安全运行3 113天，在国际64台同类机组中列第一、第二名。从1999年开始，大亚湾核电基地每年都参加法国电力公司举办的国际同类机组安全运行业绩挑战赛，目前已累计获得31项次第一名。

现时，港灯和中电长期主导香港市场，在利润保障机制下，电费涨价长有，成本最终由香港市民来摊分。环境局局长黄锦星支持政府考虑从内地买电，可有更多空间引入开放市场。据了解，现在中电的燃料组合中30%从大亚湾核电站输入，输送设备采用“专用输电线路”（专线）。如内地电网输电出了状况，大亚湾核电的专线会实时与电网分隔，不会影响香港供电，解决了港人对于“内地购电”稳定性的担忧。目前，中电正安排从大亚湾额外增加输入10%电力，并已延长购电合约至2034年5月。在清洁能源中，核电是一种能量密集的能源，燃料费用比例较低，发电稳定，不受地理环境和国际经济形势的影响，且体积小，运输和储存都十分方便。作为一项稳定的电力基荷能源，核能可以补充其他的能源，包括可再生能源。核学会亦表示，核电是低排放的能源，可为本港提供更可靠、具价格竞争和环保的电力供应，并提升供电质素。在本港未来能源燃料组合中，核电凭借安全经济及环保等突出优势，或将成为较好的选择。

（四十）我国核电自主品牌华龙一号在维也纳展会受强烈关注[1]

9月22日，在国际原子能机构（IAEA）第58届大会召开之际，由中国国家原子能机构主办，中核集团策划并承办的“中国加入国际原子能机构30周年成就展”同时也在维也纳举办。我国自主三代核电“华龙一号”在展会上受到参会各国的强

1 2014年9月24日摘自中国核工业集团公司。

烈关注。展会上，来自世界各国的代表纷纷来到中国展台，对我国参展的“华龙一号”核岛模型表示出极大关注。他们在详细询问了“华龙一号”的技术特点、安全保障系统等各项性能指标后，对中国自主设计、建造核电的能力和中国核电的安全发展表示钦佩。

本次展览对中国加入国际原子能机构30年间，在和平利用核能、防核武扩散与核安保等领域所取得的成就进行了回顾，特别突出展示了中国在国际双边合作中表现出的负责任的大国风范，以及我国的核能发展战略，我国已经掌握的具有自主知识产权的三代、四代核电反应堆技术，我国已经形成的完整的核工业产业体系，我国已经形成的专业配套、门类齐全的核科技创新体系、研发机构与实验设施，完善的科技创新管理机制等。

据了解，“中国加入国际原子能机构30周年成就展”是中国国家原子能机构为纪念中国加入国际原子能机构30周年而举办的系列活动之一。本次展会为系列纪念活动拉开了序幕。今年10月中旬，中国国家原子能机构还将在北京举办研讨会，总结30年来在与国际原子能机构的合作中，我国在和平利用核能、防核武器扩散与核安保等方面取得的成就。

（四十一）解读核电站的“安全饮食”[1]

如果把核电站比作一个“巨人”，那么核燃料就是其“食物”，核燃料在反应堆内进行反应迸发出强大的能量，“核巨人”才能把源源不断的电力送到千家万户。

9月初秦山核电厂扩建项目（方家山核电工程）1号机组157组燃料组件顺利装入反应堆堆芯，这标志着浙江省首个百万核电机组进入带核运行阶段。核电站这个“巨人”是怎么摄食的？如何保证核电站摄食过程的安全？带着这些疑问记者采访了中核运行堆芯燃料处各科室的工作人员，为大家深入解读核电站的“安全饮食”。

【“买菜”绝不大意】

为了给方家山1号机组准备这份“大餐”，中核运行堆芯燃料处的工作人员在一年前就开始筹划起来。“核燃料组件准备非常谨慎，这次我们选择了包头、宜宾两处生产厂家，为了保证‘食材’正宗，我们还要轮流驻厂监督。”核燃料科的李利刚告诉记者，他去年上半年就在宜宾驻厂监督了一个多月。带有铀-235的核燃料被

1 2014年9月30日 摘自嘉兴日报。

烧结成一个个圆柱状的二氧化铀陶瓷芯块，叠装在用锆合金做成的包壳管中，成为一根根细长的燃料棒，这些燃料棒按一定规则组装成一个个燃料组件，这就是李利刚和同事们买来的“食材”。

【“喂饭”小心翼翼】

物理一科科长邹森介绍说，伺候核电站吃下这顿“大餐”也不容易，每一个组件都有精确的安放位置、朝向，在提前准备装料的规程文件时，文件一人编还要三人校。“为了在装料期间实时检测中子基数，防止出现临界状况，就是反应堆意外启动，我们用了4台探测器进行监控，装料过程中主控室、现场、物理人员三方监督。”

【“营养搭配”探索长循环】

装料完成后，堆芯燃料处的这群幕后英雄并没有停止工作，机组进入正常运行后，他们还要监督堆芯燃料的运行情况，准备换料等。除此以外，他们还要探索营养更为均衡的配方，让核电站这个“巨人”吃一顿后能饿得慢一些。

从“买菜”到“配菜”，从“如何吃”到“吃得好”，堆芯燃料处的工作人员一直在幕后辛勤努力着。他们不仅是能量的提供者，更是掌控者和优化者。在他们的服务下，核电站这个“巨人”不仅能吃到安全的“食物”，今后还将吃到更为优质的“食物”，从而贡献更大的能量。

（四十二）能源专家：中国将再启核电建设，2030年核电发电达2亿千瓦时[1]

中国能源研究会常务副理事长、原国家发改委能源所所长周大地表示，发展核电是我国重要能源战略，2030年争取核电发电达到2亿千瓦，2050年要达到4亿～5亿千瓦。我国有更好条件发展内陆核电。一方面，我国内陆地区需要发展核电，改善能源供应结构。内陆发展太阳能、风能条件不理想，石油、煤炭为主的能源结构对环境污染严重。另一方面，“中国核电建设质量和速度是世界上最好的，核电装备能力已经全面建立起来，可以保证质量。”周大地说。

（四十三）日媒：北京对“污染”宣战，将全力发展核能[2]

中国正切实努力扩大核能产业。北京计划2020年中国在役和在建核电装机

1　2014年10月8日摘自大智慧财经。

2　2014年10月9日摘自环球时报。

规模达 8 800 万千瓦，这意味着较目前容量增加近 80%。但与其他绿色能源领域相比，核能对中国的地方政府官员尤具吸引力，因为在他们看来，核能密集的建造和运营能为当地创造许多工作岗位。核技术还被中国政府指定为自主研发和创新的目标领域之一。作为努力打造国际品牌的一部分，中国正日益向国外推销其核能技术。

（四十四）韩国三陟市居民公投否决建核电站，85% 投否决票[1]

据外媒报道，10 月 9 日，韩国三陟市居民公投否决在该市建立核电站。数据显示，85% 的选民投了否决票。报道称，这一结果是“意料之中的”，因为这个位于韩国东海岸的城市，选举了一位承诺推动政府放弃核电站的市长。

数据显示，在 28 867 位参与投票的选民中，85% 的人投了否决票。共有 42 488 人登记参加此次投票，投票率为 68%。这一结果显示，尽管韩国政府大力推广核电，韩国居民对核电站的安全仍然有所顾虑。

（四十五）中电投参加首届法国世界核工展[2]

10 月 14 日，首届法国世界核工展在巴黎召开，中国，法国，美国，俄罗斯等 24 个国家的 500 多家企业参加了本次展会。在核能行业协会统一组织下，中国电力投资集团独立组团参展，全面展示了集团公司清洁能源发展成就，重点介绍了集团公司核电项目及专业化能力建设，受到了全球核电行业的广泛关注，取得了良好效果。

（四十六）陕西举行省市县放射源丢失应急演练，全国首次[3]

今日，按环保部和省政府应急办安排，由省环保厅牵头在我省首次举行“全国重大辐射事故综合应急演练”，这也是全国首次省市县三级处置重大辐射事故综合应急演练。本次演练场景模拟放射源失控。今日凌晨，陕北一石油测井单位在榆林市靖边县实施放射性测井时，发生Ⅱ类放射源重大辐射事故。省环保厅通过舆情监控发现后，省市县三级相即启动应急响应，迅速成立应急专业小组，经群策群力，科学决策，直至下午 4 时，实现失控放射源安全回收。在放射源安全回收过程

1 2014 年 10 月 10 日摘自浙江新闻网。

2 2014 年 10 月 15 日摘自上海电力。

3 2014 年 10 月 17 日摘自中华商网。

中，省环保厅利用官方微博、微信和现场新闻发布等形式，及时公开权威信息，引导舆情，避免对附近群众造成恐慌。

副省长张道宏说，本次演练是对我省应对处置突发事故能力、积累实战经验的一次大练兵。要不断加强日常练兵，坚决杜绝各类放射源安全事故的发生；要让公众和社会各界尽可能多地了解核与辐射安全常识。近年来全国各地放射源丢失事件多发。据统计，自2004年以来陕西省共发生放射源被盗、丢失、失控及放射性污染等辐射事故14起（仅2011年就发生了5起），提高辐射环境监管和应急处置水平非常迫切。

（四十七）安静的遗产——中国第一颗原子弹爆炸50周年[1]

中国将在16日迎来第一颗原子弹爆炸50周年。50年前，在新疆罗布泊成功爆炸第一颗原子弹后，中国成为继美国、苏联、英国、法国之后，第五个拥有核武器的国家。50年后，当年核爆的痕迹难觅，但那"惊世一爆"留下的遗产仍在。

【从被"下线"的电影到中国的"橡树岭"】

1954年，一部表现青海省海北藏族自治州牧民新生活的电影《金银滩》在中国内地公映，引起轰动。然而，仅半年后，这部电影却被紧急"下线"，原因一时成谜。多年之后，谜底揭开。据时任中国第二工业机械部军工局副局长的张冶那回忆，1958年夏，他和同事们在西部多地为核武器研制基地选址。当他们来到备选地址之一的青海省海北州海晏县的金银滩时，随行的苏联专家认定：在中国再也找不到比这里更好的基地厂址了。就这样，金银滩成为中国研制原子弹的"橡树岭"，并有了一个名字：211工厂。1942年，美国在田纳西州的橡树岭修建了核武器研制基地。"原子弹从诞生之日起，它的政治用途远比军事用途大得多。"军事专家徐宏说。

对杜学友而言，尽管那次神秘之旅之前他听闻过原子弹，但从未料想它会与自己产生实际联系。在兰州下了火车后，又坐卡车，经过两天两夜的跋涉，杜学友终于来到了金银滩。尽管对艰苦的生活已有心理准备，但接下来发生的事情，还是让他和同伴始料未及。随后的"三年困难时期"（1959—1961），在金银滩从事核武器研制基地基础设施建设的杜学友等人，每人每月的粮食供应仅10公斤，且几乎没有副食。在这样的条件下，1963年，中国核武器研制基地的基础设施建设基本完成。"那年夏天，我们终于可以洗澡了，那是我五年来洗的第一个澡。"杜学友说。

1 2014年10月15日摘自新华网。

同年，在北京某科研院所工作的青年工程师刘兆民，从北京火车站出发，仅被告知“去前方”。最后，他也抵达了金银滩。

刘兆民的研究方向是炸药爆破，而在当时实验设备的简陋超乎想象。炸药切割等高危工作，是在人体静电接地的情况下用铜锯手工完成的，爆炸随时可能发生。但刘兆民并不知道，当时在20个省市区的400多个工厂、科研机构里，超过一万名科研人员和技术工人和他一样为同一个目标日夜操劳。尽管，他们中的绝大多数也并不知道自己的工作与核武器研制有关。

1964年1月，中国第一瓶丰度为90%、可作为原子弹装料的高浓铀-235研制成功；4月，中国第一套核部件生产成功；5月，武器级高能铀核心部件准备就绪。6月6日，在金银滩221基地，刘兆民全程参与的“全球聚合爆轰实验”成功，标志着中国原子弹技术攻关基本完成。

【西北偏北上空的蘑菇云】

1963年底，杜学友和工友们再次坐上西行的列车。与6年前一样，得到的通知依旧是“去前方”。最终的目的地是比金银滩更西更北的新疆罗布泊。短短几个月后，一座高102米、共计8 600多个部件的铁塔，在荒无人烟的戈壁深处树立起来。中国第一颗原子弹，即将在这里试爆。后来的官方数据显示，和杜学友一起在此参与原子弹安装、调试的工作人员共有5 058人。

1964年10月16日清晨6时30分，原子弹插接上了雷管，最后一批工作人员撤离。“我是最后撤离的几十人中的一个，当时没想到原子弹就在自己身后爆炸，没考虑危险不危险，只觉得时间过得太慢。”杜学友说。杜学友和同伴们撤离到距离爆炸点60公里外的白云岗观测点，现场见证了原子弹爆炸。16日15时许，一朵巨大的蘑菇云在罗布泊腾空而起。当晚，中国通过广播向全世界公布了这个消息。中国原子弹爆炸成功，震动了国际社会。有西方媒体“预言”，中国核爆炸将打破国际均势，中国将比过去更加期待获得对第三世界的领导权。

但几乎与原子弹爆炸同时，中国政府发表声明，强调发展核武器是用于防御，中国在任何时候任何情况下，都不会首先使用核武器，都不会对无核国家使用核武器。北京大学历史学者张静说，至少从现有资料来看，核爆炸的成功并没有使中国外交政策发生改变，这一点正如时任外交部部长陈毅所说：“中国并不根据有没有原子弹来决定外交政策……中国的核武器只用于防御。”

1966年10月27日，中国第一枚安装核弹头的地对地导弹发射成功；1967年6月17日，中国第一颗氢弹爆炸成功。

【铸剑为犁】

1984年，中国在第一颗原子弹成功爆炸20年之后，加入了国际原子能机构。1992年，中国加入《不扩散核武器条约书》、承诺履行防止核武器扩散义务。1996年之后，中国再未进行任何核武器相关试验。

中国政府在1987年决定对221工厂全面退役，并于1993年通过验收。“211”元老们退休后有的返乡养老，杜学全和刘兆民600多人在1990年搬到了西宁的211家属院颐养天年，目前还有约300名“老211”居住于此。

“放到现在，很多人很难理解我们在极端艰苦的情况下搞原子弹，究竟靠的是什么动力。但在‘冷战’那个特殊背景下，想反对原子弹，就必须首先拥有原子弹，这是中国作为一个大国的必然选择。”后来成为221工厂高级工程师的刘兆民说。张静也认为，中国自20世纪70代末以来的改革开放能够取得成功的重要原因之一就是核实力带来的安全保证。然而，作为世界第二大经济体的中国所处的全球最具经济发展潜力的亚太地区，近年来政治形势波诡云谲，地区性不稳定隐患依旧存在。

中国人民大学马克思主义学院教授陶文昭说，如今，尽管核战争、核威胁、核讹诈的阴云已渐渐散去，但核武器依旧是大国综合实力不可分割的部分，是大国博弈的“底牌”。同时，在国内，原子弹、导弹、人造卫星研制过程中体现出的“两弹一星精神”，也成为维护国家认同、民族认同的重要资源。不可否认，核武器自从诞生之日起就伴随巨大的争议。对此，华南师范大学政治与行政学院学者常莉认为，当今世界解决上述问题的关键，在于推动核能的和平利用，同时考虑有关国家在安全、利益等方面的诉求，缓解国家间紧张关系，营造和平稳定的国际环境。

2009年，在金银滩不远处，青海原子城纪念馆正式对外开放。众多的展品中，有不少当年原子弹研发人员写给家人的书信，发黄的纸张密密麻麻写满了字，却不见“原子弹”一词的痕迹。2010年，杜学友以游客身份20年后第一次重返金银滩，已归于沉默的回忆再度扑面而来，当年震耳欲聋的一爆犹在耳侧，但他更享受此时的宁静。“但愿再也不会听到那爆炸声了。”杜学友说。

（四十八）国家核安全局副局长郭承站调研指导西安核仪器厂[1]

10月15日，国家核安全局副局长郭承站一行赴西安核仪器厂调研指导工作。郭承站对西安核仪器厂在核仪器设备制造、核安全领域市场开发方面取得的成绩

1　2014年10月18日摘自中国电力电子产业网。

给予充分肯定，并对企业下一步发展提出要求：一是希望企业能够抓住核能发展有利机遇，准确把握核安全领域的发展趋势和市场需求，开发更具有市场前景和竞争力的产品和业务；二是发挥自身技术优势，加大科技创新力度，在关键技术、关键领域取得突破，不断增强核心竞争力；三是牢固树立"质量第一、安全第一"的理念，进一步提升核安全文化意识和水平，为核能事业高效安全发展做出更大的贡献。

（四十九）台湾民间团体反核电延役，游锡堃承诺朱立伦肯定[1]

据台湾媒体报道，由多个民间团体组成的全台废核行动平台，昨天到新北市政府前表达"反对核电延役"的诉求，要求新北市长和市议员参选人签署"反核电延役承诺书"，游锡堃竞选总部回应"愿意签署"，朱立伦竞选办公室则强调，会用行动实践反核。

（五十）美核电厂寻求延长寿期[2]

未来建造新核反应堆有可能受到严格限制，然而位于宾夕法尼亚、弗吉尼亚和南卡罗莱纳州的七个老核电站业主正准备申请批准将核电站的运行延长到80年。核支持者表示，延长核电站的寿期更经济，与新建核电站相比，这是一种降低二氧化碳排放的更好的方式，但需要对钢、混凝土、电缆绝缘以及其他部件进行大量监测。但这个想法受到包括核机构成员在内的打压。

在五月份核管理委员会（NRC）召开的一次会议上，曾为NRC的风险专家乔治•阿波斯托拉基斯指出，如果机组运行到80年，一些反应堆使用的设计实际上更老。他说，"我不知道我们如何向公众解释这些设计，90年或100年的老设计仍能安全地运行。""我们并不需要比'我们正在管理老化的效应'更多的令人信服的争论。"他问道，"我的意思是说你愿意购买一辆1964年设计的汽车吗？"然而委员会与工业界的一致共识是，通过适当的分析和监测，反应堆在未来数十年可产生大量的无碳电力。委员会内部尚未认可这样的系统。

（五十一）多层次行动培育公众核电理性认知[3]

核电发展，开放先行，已成为核电行业的共识。

---

1 2014年10月21日摘自东南网。

2 2014年10月22日摘自中国国防科技信息网。

3 2014年10月23日摘自中国能源报。

10月11日，中核集团在秦山核电基地举行的公众开放日继续推动着国内核电科普及公众沟通活动的深入进行。今年以来，中广核集团七大核电基地的“公众开放体验日”、全国中学生核电知识竞赛、“中法核能公众沟通研讨会”、山东核电科技馆正式对外开放，以及核电站特色科普活动等，为核电行业阳光形象的建立做了不同尝试，然而核电要真正得到全社会的普遍认可，仍然有路要走。

在核工业发展之初到此后的很长一段时间，信息传播环境和行业自身的封闭，给核电产业打上了神秘危险的标记。核电一度被人们等同于核武器，核事故被想象成原子弹爆炸，就连再自然不过的辐射也被联想成伤害和畸形，习惯性避而远之。几十年的误读误解，公众潜移默化地形成了对核电的片面认知，刻板印象由此形成。

但是，时光飞转。眼下，能源资源利用与生态环境的矛盾正在凸显，传统化石能源的弊端已经显露，而清洁能源的优势逐步体现，核电因具备清洁、经济和可靠这些特点而赢得重视和发展的机遇，并且已经适时进入了公众的视野。然而，在公众还普遍存有核恐惧心理的同时，现代传播方式的快速更新改变了其对知情权和话语权的态度，舆论力量对社会决策的影响正不断加大。福岛核事故后，公众对核电所表现出的“无知”、恐慌、猜疑甚至抵触带来了巨大的信任危机。当核电需要发展时，“刻板印象”成了至关重要的障碍。

公共接受认可与否，可以影响政府的决策，继而影响到核电产业下一步该怎么走。沟通这一关过不去，类似江门鹤山核燃料产业园被当地政府取消的事情或许还会发生，内陆核电也可能长期悬而未决，核电发展的节奏和规模也受到影响。更严重的是，核电发展不稳，不仅会伤了核电产业的筋骨，更影响到国家的能源安全。

纵观世界各国的做法，业内十分认同法国经验，即在国家层面进行信息透明的操作，并使之常态化，无论政府还是企业，抑或社会组织和个人，都能直接参与其中并能持续进行。我国核电企业目前在这个方面的自觉性已有很大进步，也积累了适合中国国情的方式方法，但是核电发展的土壤是个综合系统，光靠企业和社会组织之力远远不够，要培育出公众的理性认知并使之接受核电，需要多层次全方位的行动。

（五十二）日本称核电占日总发电量比重将降至三成以下[1]

据日本《读卖新闻》10月24日报道，日本经济产业相宫泽洋一23日接受《读

1 2014年10月24日摘自环球网。

卖新闻》等媒体采访，就核电在今后总发电量中的比重强调“绝不会以三成为目标，将朝着更低的方向努力”。他就决定比重的时间仅称“需要探讨各种因素，还没到能给出具体时间的阶段”。鉴于福岛核事故的发生以及今后将出现报废的核电机组，宫泽认为三成这一数字即便要实现事实上也无法企及。

（五十三）日本停用核电站后火力燃料费用骤增[1]

日本经济产业省估算称，停用核电站后，从2011年到2014年度火力发电的燃料费大约累计增加了12.7万亿日元。这是因为，随着核电站停用，使用液化天然气或石油的火力发电站提高了运转率，而这些燃料的价格较高。在东日本大地震前的2010年度，火力发电量占全部发电量的62%，但2013年度大幅上升到88%。增加的燃料费一部分转嫁给用户，另一部分则由电力公司承担。

（五十四）李克强：鼓励中方企业参与捷克核电设施扩建改造[2]

国务院总理李克强27日下午在人民大会堂会见捷克总统泽曼。李克强表示，当前中捷关系沿着正确轨道向前发展。习近平主席同总统先生举行了务实友好的会谈。相信以中捷建交65周年为契机，将把两国友好合作关系推向新阶段。

李克强指出，中捷务实合作潜力巨大，前景广阔。中方在核电、高铁等装备制造业方面拥有先进技术、丰富经验、雄厚实力和良好性价比。中国政府鼓励有实力的中方企业积极参与捷克核电设施扩建改造等项目。中国—中东欧国家合作符合双方共同利益，有利于中欧关系全面平衡发展。中方愿同包括捷克在内的中东欧各国加强务实合作，实现互利共赢。泽曼表示，捷方愿同中方深化互利合作，欢迎中国企业扩大对捷投资，积极参与捷克核电等基础设施建设。

（五十五）我国筑起核与辐射安全坚强屏障[3]

今年是我国开展独立核与辐射安全监管30周年，国家核安全局今天在京举办座谈会，全面回顾30年发展历程。30年来，我国核与辐射安全监管认识不断深化，地位明显提升，筑起了核与辐射安全的坚强屏障。

---

1 2014年10月24日摘自BWCHINESE中文网。

2 2014年10月27日摘自中央人民政府网站。

3 2014年10月30日摘自人民网。

环境保护部部长周生贤表示，当前和今后一段时期，我国将在确保安全的前提下继续发展核电，切实发挥核能的基础性能源作用，以确保能源安全、优化能源结构、减少碳和污染物排放。并坚持理性、协调、并进的核安全观，致力于推进核安全监管体系和监管能力现代化，坚定不移地增强自身核安全能力，推动核与辐射安全监管事业迈上新台阶。

（五十六）法国核电站现神秘无人机，数次造访多座电站[1]

据外媒报道，当地时间 29 日，法国国营电力公司表示，本月期间有数架次不明身份的无人驾驶飞机飞越该公司的 7 座核电站。但该公司表示，这些无人驾驶飞机并没有威胁到电站安全。据悉，本月 5 日，一架无人机载法国东部马尔维尔的电站上空被发现。而 10 月 13 日至 10 月 20 期间，全国范围内的多个核电站发现多起无人机活动。该公司在发现情况后通知了警方。

（五十七）核电的"进化难题"[2]

【核电监管之痛】

在所有国家中，当被监管的行业主要靠政府的法令而生存时，监管就变得更为困难。然而，正如本期我们的特别报道中介绍的情况一样，离开政府，私营公司绝对不会选择建造核电厂。

部分原因是私营公司面临地方的反对以及政府政策的变化（看看德国的核电站，之前政府认为是安全的，但在福岛事件后予以关闭，给核电工业发出令人心寒的信息）。但大部分原因是反应堆的确十分昂贵。后切尔诺贝利时代的现代设计曾被认为可以降低投资成本，但实际上并没有实现。正在欧洲兴建的少数几座新反应堆已经远远超过其巨额的预算。在拥有世界上最多核电站的美国，页岩天然气已经大幅削减了一种替代能源的成本；新的核电站只可能在依旧的监管的电力市场如东南地区修建。

【核电是否会变得更廉价？】

要让核电发挥更大的作用，要么核电变得更多廉价，要么其他发电途径更为昂贵。从理论上讲，看来后者可能性更大：目前化石燃料对环境造成的损害还没有得

1 2014 年 10 月 30 日摘自中新网。

2 2014 年 10 月 31 日摘自《经济学人》。

到赔偿。碳排放被认为对气候构成危害，增加碳排放价格会增加化石燃料的成本。长期以来，我们一直主张引入碳排放税（并取消能源补贴）。

但实际上碳价不可能为支持核电提供充分的理由。英国拟议的碳底价——以2009年的价格计算2020年相当于每吨30英镑（42美元），约为目前欧洲碳市场价格的4倍——旨在使核电投资具有足够的吸引力，以建设几座新的核电站。即便如此，似乎还需要其他诱因。然而，几乎没有迹象表明，在所有地方都会设定与维持足够高的价格。不管是否能从碳价格中获得好处与否，如果自身更为廉价，核电的竞争力就会提高。然而，尽管几十年来政府在核电计划上慷慨投资，廉价的核电似乎不大可能。在存在众多可以互相竞争的设计方案，后来者进入竞争市场比较容易，监管比较松的领域里，技术创新才容易出现繁荣。

然而，核电显然却做不到这一点。支持者说小型、批量生产的反应堆会避免今天一些拦路虎的问题。但是，对于真正的技术创新而言，这种反应堆需要较大的市场进行竞争，而这种市场是不存在的。

核电的技术创新依然是可能的，但不会很快发生：鲸鱼的进化慢于果蝇。这并不意味着核电会突然消失。今天建设的反应堆会运行到22世纪，像德国那样让监管良好依然拥有多年运行期限的反应堆提前退役几乎没有什么意义的。一些国家担忧其他能源供应的安全将继续建设核电站，那些着眼建造或拥有足够财力建造核武器的国家也会继续建设核电。而且，如果化石燃料的价格升高并维持在高位，由于资源稀缺或税收，核电可能会魅力重现。但是，全球性转向核电的期望已经一去不复返。

（五十八）中国代表呼吁深化核能与核技术合作[1]

中国常驻联合国副代表王民3日呼吁国际原子能机构深化核能与核技术合作，并表示中方愿与其他国家分享有关经验。第69届联大当天就国际原子能机构的报告举行会议，王民在发言时说，今年恰逢中国加入国际原子能机构30周年。30年来，中国政府始终秉持“发展与安全并重”的原则，高效、安全地推进核能发展事业。中国与国际原子能机构在各领域开展了多层次、全方位的合作，为促进核能在中国乃至在全球的和平、广泛、安全利用做出了贡献。

他说，当前全球核能保持发展态势，核技术应用日益广泛，核保障监督不断增

1　2014年11月4日摘自新华网。

强，全球核安全与核安保水平进一步提高，越来越多的人从这一进程中受益。同时，国际核不扩散与核安全事业依然面临挑战，核恐怖主义风险不容忽视，国际原子能机构工作任重道远。王民说，国际原子能机构应深化核能与核技术合作。该机构应加大资源投入，满足成员国日益增加的和平利用核能需求，尤其应加大对发展中国家援助力度，共享核能发展成果。在这方面，中方愿与其他国家分享我们的发展成果和经验。王民还提出，国际原子能机构应加强核安全与核安保；稳妥改进保障监督体系；客观公正地参与处理热点问题。他表示，中方将一如既往支持国际原子能机构根据《国际原子能机构规约》充分、有效地履行各项职能，为世界和平与发展做出贡献。

（五十九）日本电力公司将申请老旧核电机组延长运转 20 年 [1]

据日本《经济新闻》13 日报道，日本关西电力决定将已经运转了 39 年以上的高滨核电机组 1、2 号机组（福井县）延长运转 20 年左右。计划年底进行特别检查，最早于明年春季向日本原子能规制委员会提交延长运转的申请。日本全国共有 7 座运转期限为 40 年左右的老旧核电机组，申请延长尚属首次。这是为夏季紧缺的关西电力实现稳定供应而迈出的一步，但同时设备的安全对策也将成为课题。

（六十）全球关闭老旧核电站费用巨大 [2]

国际能源署警告，未来 25 年，全球有近 200 座核反应堆将被关闭。而关闭、清理这些老化的核反应堆所需费用将超过 1 000 亿美元。国际能源机构在其年度报告中说，核反应堆安全退役成本有相当大的不确定性。很多政府安全拆除核反应堆的经验有限，在过去的 40 年中，仅有 10 座反应堆被关闭。国际能源署呼吁监管机构和公用事业部门高度关注核反应堆退役安全处置问题，确保足够的资金使用。

（六十一）比利时将逐渐关闭核电站，电价几年内或将翻倍 [3]

据比利时法语国家电视台日前报道，因比利时将逐渐关闭核电站，以及必要的电力基础设施需大量投资等原因，该国居民电价在未来几年或将翻倍。报道援引

1 2014 年 11 月 13 日摘自中国新闻网。

2 2014 年 11 月 13 日摘自环球网。

3 2014 年 11 月 14 日摘自新华网。

比利时最大电力供应商 Electrabel 总经理的话说，该公司将不得不面对关闭 3 座核电站所带来的损失，同时将投入更多资金用于更新现有电站和建设新的电力设施。

比利时联邦规划办公室此前发布的最新报告说，2050 年前必要的电力基础设施投资预计高达 620 亿欧元。Electrabel 发言人安娜 - 索菲 • 于热说，根据这份报告，要使这些投资"合算"的话，必然会调整电价。如果没有市场定价以外的机制予以约束，电价很可能在未来几年翻倍。不过，电价的上涨幅度还取决于政府对新能源投资的力度等。根据相关协议，比利时所有仍在运行的核电站须在 2025 年前关闭。比利时联邦规划办公室预计，到 2020 年，比利时每度电的成本将上涨 60%，届时天然气的价格也会更高，2030 年后或将受益于可再生能源的使用，电费上涨将得到抑制。

（六十二）国际原子能机构 TSO 专家到访广利核公司 [1]

近日，IAEA（国际原子能机构）TSO（核安全技术与科学支持机构）专家团到访北京广利核系统工程有限公司。专家团听取了广利核公司的情况介绍，参观了公司的装配和集成测试车间、安全级 DCS 板卡生产线和国家能源核电站数字化仪控系统研发中心的各个实验室。广利核公司的生产制造、集成装配和研发测试能力给到访专家留下了深刻印象，专家团成员对公司的科研能力和产品应用情况给予了很高评价。参观结束后，专家们就各自所关心的问题与广利核公司技术人员进行了交流和探讨。

（六十三）日本敦贺核电站或因下方活断层面临废炉危机 [2]

日本经济产业省核能规制委员会曾在 2012 年调查指出，日本核能发电公司所持有的敦贺核电站 2 号机组正下方疑似有活断层，很可能必须废炉。

据日本《东京新闻》11 月 19 日报道，核能规制委员会调查团在 19 日会议中通过了评价报告书，认定敦贺 2 号机组正下方的 D-1 断层为有可能发生断裂的活断层。2 号机组很难再重启使用，核能电力公司面临着废炉的抉择。该调查团 2013 年 5 月曾认定 D-1 为活断层。核电公司后又提交了追加调查结果，表示希望调查团可以探讨重新认定。

1　2014 年 11 月 19 日摘自中国核电信息网。

2　2014 年 11 月 20 日摘自环球网。

（六十四）德媒：中国成为世界核电建领导者，2030 年超美国[1]

德国《工程师》网站 11 月 19 日文章，原题：中国成为世界核电建设市场的领导者。中国现在成为世界领先的核电厂建设者：到 2040 年，大约 130 座核反应堆将投入运行，超过欧洲和美国。同时，中国核电企业也正走出国门。

根据国际能源署的新报告，目前世界电力的 11% 来自核电。到 2040 年，全球的核能发电容量将增长 60%。新增的核电站预计有大部分来自新兴国家，其中中国最多，之后是印度、韩国和俄罗斯。

美国和欧洲在核电站数量上目前仍处于领先，但未来将出现改变。发达国家的 200 多座核反应堆正日趋老化。国际能源署估计，到 2030 年，中国的核电数量将首次超过美国；到 2040 年，中国在各个数据上都拉开与欧美的距离。中国目前保持着 7% 以上的经济增长率，用电需求也同比增长 7% 左右。再加上各大城市日益严重的空气污染，单纯依靠煤电的增长不再可行。相比风电和太阳能发电，核电成为兼顾治污与经济的优先选择。

中国运行的核电站有 6 座。到 2040 年，中国将投入 3 450 亿美元用于新的核电站，以及投资 1 320 亿欧元进行产能扩张。在可预见的未来，欧洲也将出现中国的核电技术。

由于投资过大等原因，许多国家往往对待核电站投资持消极态度。国际能源署首席经济学家法提赫•比罗尔认为，核能发电有两个优势：首先，可以尽可能以这种方式减少二氧化碳排放量，这方面核电等同于可再生能源；其次，核能被认为是长期可靠的电源。

（六十五）核电科普步履维艰亟待破解“邻避困境”[2]

在 11 月 21 日举办的中欧环境治理项目年度媒体会议上，环境保护部宣教中心主任贾峰指出：核电的科普工作步履维艰，亟待破解“邻避困境”。贾峰建议，可以法国核电的先进经验为例，从以下几个角度进行借鉴。

首先，加强核电独立监察和透明度。早在 2006 年，法国议会便通过了《核信息透明与安全法》，以保证在社会层面来确保透明度、在机构层面增强核安全主管单位的独立性，在程序层面改善核电站的法定地位。为促进公众辩论，法国还全国设

---

1 2014 年 11 月 21 日摘自环球时报。

2 2014 年 11 月 24 日摘自中电新闻网。

立了38个地方核电信息委员会（CLI）。贾峰认为，公众需要知道核工业在决策方面有一个清晰，开放，透明的过程。独立性监察和透明对于获取公众信任至关重要。

其次，加强咨询及公众参与。核设施的接受度取决于早期与当地所有利益相关方的沟通，并且在设施的整个生命周期内都应该持续进行。仅有法可依不足以获取公众对于核能的接受，由政府或专家出面来说服人们接受决策、接受风险信息的传统做法易引发公众对其客观性的怀疑，因此咨询以及公众参与有助于推动核项目获取公众信任。在法国，公开辩论是由法律确定，涉及地区性民主的问题，由一个专门的委员会（国家公众辩论委员会）来负责决定是否需要组织一次公开辩论。

第三，全面实时沟通策略。一套全面的沟通策略要建立在全媒体平台的实时沟通上，有助于增强公众信任和接受度。贾峰建议核电厂等相关单位应在官方网页公布每月环境情况、信息中心访问量、组织参观信息、专题性和周期性媒体信息公布等。此外，核电站需要由具备技术知识，并能将复杂的科学信息转化成易于普通公众理解的语言的人来做发言人，而这些培训也必须由最能代表核电厂的内部职员来进行。

第四，建立社会和经济计划。在整个电站的生命周期内，应建立一个伴随核电项目的社会经济规划，这已成为获取公众支持的真正资本。为了获取最优化的结果，当地政府需要能够解释该项目对于群众的切实的好处。而通过给当的实惠以抵消群体风险感受是增强群体接受性的重要途径。

最后，应加强跨区域合作。鉴于核电站内在潜在的巨大影响以及群众对于核设施的极端敏感性，国家间有切身利益来进行跨境合作。来自相邻地区的媒体压力和公众意见不会因地理边界而被阻断，并能对核能项目发展产生严重影响。当新建核电项目地处位置与另一个省接近时，成立一个省际区域性联合委员会或者联合沟通会能够有助于该核电项目被地区接受。

（六十六）日本7个核电机组将满40年，若废炉将损失近80亿[1]

到2016年7月，日本将有7个核电站机组运转超过40年，日本经济产业省25日发布一项估算结果显示，如果电力公司选择废炉，平均每个将损失210亿日元（约合人民币10.94亿元），共1 470亿日元（约合人民币77亿元）。这7个机组

1 2014年11月27日摘自国际在线。

分别为关西电力公司的美浜 1、2 号机，高浜 1、2 号机，日本原子能发电公司的敦贺 1 号机，中国电力公司的岛根 1 号机、九州电力公司的玄海 1 号机。

(六十七)减排压力巨大，澳大利亚总理称不反对开发核电 [1]

据新加坡《联合早报》报道，澳大利亚总理阿博特 1 日表示，他对采用核能发电一直持开放态度，并不反对该国发展核能。鉴于外界要它拿出 2020 年后的减排目标，澳大利亚面对越来越大的外来压力，作为清洁能源的核电因此在该国国内引发讨论。

阿博特表示，如果要大量减低温室气体排放量，并应付各界对能源的需求，只有核电能满足这两项要求。澳大利亚政府会竭尽所能，减少温室气体排放量。如果有公司提交在该国发展核能的计划，澳大利亚当局不会反对，但不会提供任何援助。

澳大利亚反对派工党则认为，澳大利亚不应该发展核能。该党发言人表示，核能是项非常昂贵的工程。除了花费许多时间建设核电厂外，一些依赖核能的国家如德国也已开始关闭核反应堆。

(六十八)日本大间核电站 1 号机组预计于 2020 年竣工 [2]

日本电力发展公司（J-power）宣布称，位于日本青森县（Aomori）的大间（Ohma）核电站 1 号机组正在进行附加安全特性的施工，该机组有望于 2020 年年底前竣工。这座 1 383 兆瓦的先进压水反应堆（ABWR）在 2011 年 3 月日本海啸引发的福岛核事故时已完工 40%。事故后，大间 1 号机组暂停施工，但随后于 2012 年 10 月恢复建设。J-power 公司在机组恢复建设时表示，将吸取和融入福岛核事故的教训、采取强化安全措施以及其他途径，力争建成一座安全的核电站。

(六十九)英媒：监管能力不足，中国发展核电不可操之过急 [3]

《经济学家》杂志 12 月 6 日（提前出版）发表题为《中国核电：不可操之过急》的文章。文章称，急于推广核电的危险性要比中国政府所愿承认的更大，而必要性则更小。

---

1 2014 年 12 月 2 日摘自中国新闻网。

2 2014 年 12 月 4 日摘自世界核新闻网。

3 2014 年 12 月 7 日摘自参考消息。

文章称，煤炭可以致命，尤其是在中国。中国每年有50万未成年人死于空气污染。作为中国近4/5电力的来源，煤炭是致命性空气污染的主要原因。鉴于中国的发电量可能需要在2030年之前翻一番才能与经济发展和民生改善同步，煤炭的危害只会有增无减。有鉴于此，中国政府希望实现能源来源多样化就不难理解了。核能是这一宏伟目标的核心。尽管在世界其他地方，核能引发了越来越多的质疑，但中国已将发展核能作为首要任务之一。对大多数国家而言，核能都是一个糟糕的选择。庞大的反应堆往往要比预期的成本更高、建设周期更长。由于可替代能源增多，核能的经济效益变得更低。还有一个令人担忧的方面就是安全性。就在人们对日本福岛核电站灾难的记忆开始淡去时，位于乌克兰的欧洲最大的核反应堆本周关闭。这些担忧增加了政治家们取消核电项目的风险。尽管如此，急于推广核电的危险性要比中国政府所愿承认的更大，而必要性则更小。

文章认为，福岛核电站的主要教训之一就是，被政治化的、缺乏透明度的监管是危险的。中国监管机构曾为了追求科技自豪感而忽视安全性：2011年在温州附近发生的动车脱轨事故就是为追求世界上最快的列车而忽视监管造成的。

文章称，中国应该放慢发展核能的脚步，以使监管者能跟上核能产业的发展步伐。同时，中国应该利用现有的最佳技术，而这恰巧是西方的技术。可再生能源的成本正在迅速下降，而效能却在迅速提升。去年，中国所有新增发电能力超过一半是水电、风力发电和太阳能发电。如果中国希望加速摆脱对煤炭的依赖，大力发展这些可替代能源要安全得多。

（七十）英国新建核电站民调支持率上升[1]

据核工业协会（NIA）最新民调显示，英国民众支持建造新核电站比例相比过去十年上升超过10%，目前已有45%的民众支持新反应堆建设。考虑到英国能源自给问题，支持民众中有68%支持建造新的反应堆以替换现有反应堆，约66%称建造新反应堆可减少对煤炭和天然气的依赖。64%的被调查者称，核电站可提供稳定可靠的电力，这是他们支持核电的首要原因，该比例相比过去两年上升了7个百分点。支持核电的第二大原因是核电站建设带来的就业供给和投资需求。然而调查强调，多数人对核工业处理核废料不了解。反对新建核电的民众中有82%的应答者表示核废料处理是他们担心的首要原因。所有调查民众中，仅21%被调查

1　2014年12月8日摘自国防科技信息网。

者表示对未来核废料处理有所了解。被调查者中有 39% 的人担心核电影响公众安全，这是发展核能最大的缺点，而在 2012 年该比例为 46%。

（七十一）中国核电技术获国际认可，成“中国创造”新名片[1]

成为“世界工厂”后，中国一直在寻求“中国制造”向“中国创造”转变，加速创新驱动步伐。在高铁成为“中国创造”代表的同时，中国核电依靠其领先国际的技术和安全水准，也成为与高铁并驾齐驱的一张“中国创造”新名片。

技术的不断更新不仅意味着中国在核电技术上已走在了世界前列，而且这种“中国创造”优势也正不断转化成为中国核电走出国门的最主要优势。从此轮中国核电的订单情况来看，已经体现出了技术输出为主的新趋势。对此法国电力集团 PIPA 工程与采购总监布鲁诺•马奎斯认为，正是由于中国核电技术在安全性、经济性和能耗上的优势，使得中国核电企业在国际竞争中具有相当的竞争力，可以满足发达国家和发展中国家的在核电领域的不同需求，迈出了从单纯的建设向技术输出的一步。

“中国核电已经从引进技术走向了设备和技术输出。”原机械工业部重大装备司司长、核电办公室主任许连义说。未来若继续坚持在薄弱的领域联合海外企业攻关，同时发挥自身的技术和质量优势，那么中国核电的前景将非常可期。

（七十二）李克强会见俄总理：俄方愿进一步加强核能、水电合作[2]

国务院总理李克强当 15 日上午在阿斯塔纳会见俄罗斯总理梅德韦杰夫。李克强指出，中方愿同俄方扩大能源合作，加强高铁合作。梅德韦杰夫表示，俄方愿进一步加强两国在油气、核能、水电、金融、科技创新、航空制造、航天等领域及俄罗斯远东地区的合作。

（七十三）广核拟在哈萨克斯坦合资生产核燃料组件[3]

12 月 14 日，在中国国务院总理李克强、哈萨克斯坦总理马西莫夫的共同见证下，中国广核集团有限公司与哈萨克斯坦国家原子能工业公司签署了关于扩大和

1 2014 年 12 月 9 日摘自新华网。

2 2014 年 12 月 15 日摘自新华社。

3 2014 年 12 月 15 日摘自北极星电力网。

深化核能领域互利合作的协议。根据协议，双方将在铀资源开发、核燃料生产、和平利用原子能及通过中国和哈萨克斯坦领土过境运输铀产品方面开展战略合作。另外，根据协议，双方计划在哈萨克斯坦建立合资企业生产燃料组件，为中国核电事业的可持续发展及“走出去”提供燃料保障。

（七十四）日美举行核辐射防灾联合演练，约 170 人参加[1]

据日本共同社报道，日本外务省与横须贺市政府、美国海军等 17 日在位于日本神奈川县横须贺市的驻日美国海军横须贺基地举行日美联合核能防灾演练，假设发生核动力航母“乔治·华盛顿”号船员遭到辐射并负伤的事故。据悉，该演练自 2007 年以来每年进行，今年已是第 8 次。美国驻日大使馆及神奈川县政府等共 12 个机构的约 170 人参加了演练。演练假设航母机房内管道损坏，一名船员接触含有放射性物质的水受到轻度辐射，并跌倒骨折。

美方称，即使发生事故，放射性物质也不会泄漏至基地外，因此每年的演练市民皆不参与。横须贺市市长吉田雄人在演练结束后表示：“并没有发现重大问题，但希望日美两国今后继续就训练方式及场景假设交换意见。”

（七十五）我国核能“走出去”的紧迫性、复杂性和长期性[2]

自我国核能“走出去”上升为国家战略以来，核能“走出去”步伐显著加快，涉及核能“走出去”的高层互访会晤、谅解备忘录及框架合同的签署等频传佳报。在不断聚焦海外市场，加快国际核能市场开发的进程中，应充分认识到核能“走出去”的紧迫性、复杂性和长期性，并应及时做好策略储备。

核能“走出去”上升为国家战略，突显其紧迫性。党的十八大以来，新一届党中央领导集体高度重视核能“走出去”，在多次外事访问时将“核电”作为“中国品牌”向国际社会营销。核能“走出去”具有特殊性，突显其复杂性。核能项目不同于普通的能源项目，兼具“核”之属性，这决定了核能“走出去”须遵守更为严格的管控规则，接受 IAEA 等国际核能组织的监督约束。核能“走出去”需要长远战略眼光，凸显其长期性。俄罗斯、法国等核能强国的国际市场开发经验表明，任何一项核能项目成功出口都是长期不懈努力的结果。

1　2014 年 12 月 17 日摘自中国新闻网。

2　2014 年 12 月 19 日摘自《中国核工业》。

目前，我国核能“走出去”已在核电、铀资源、核技术研发等方面取得一定的效果，但距离核电强国仍有较大差距，还需不懈努力。

一是要创造具有国际竞争力、具备完整自主知识产权的核能技术品牌。具有完整自主知识产权的技术品牌是支撑我国核能高水平“走出去”的重要载体。缺乏自主技术品牌，依赖他国技术，通过“借船出海”，将难以走出低水平的“走出去”洼地。目前，备受瞩目的自主三代核电技术“华龙一号”已获取了在福清5、6号落地的“路条”，各方应积极适应核能技术发展的新常态，加紧准备，周密部署，确保“华龙一号”工程建设顺利，促进自主三代核电技术尽快得到工程验证，早日成为支撑我国核能“走出去”的战略品牌。

二是要打造一支支撑中国核能高水平“走出去”的国际一流的精英团队。目前我国仍是核能“走出去”的人才弱国，缺乏一支具备国际一流水准“走出去”的开拓团队，尤其缺乏熟悉国际经营、国际贸易、国际金融、国际会计、国际法等方面的人才。国际市场竞争归根到底是人才竞争，一流的人才成就一流的业绩。为适应日趋激烈和复杂的国际竞争形势，亟须打造一支能吃苦、善经营、懂规则的具有国际一流水准的精英团队，支撑中国核能高水平“走出去”。

三是要形成代表中国声音的“走出去”力量。目前，国内企业联合他国企业同台竞争同一国际项目，最终让他国获益而国内企业败北的案例已不止一例。国内核能“走出去”资源分散、能力碎片化已成为不争的事实。当前，各核能集团应主动站到国家整体利益的战略高度，充分发挥政府对核能“走出去”的治理能力，发挥各类社会组织的作用，达成国际核能市场的战略共识，尽快构建具有强大国际竞争力的统一、有序、高效的国际核能市场开发体系，形成代表中国声音的“走出去”力量。

（七十六）外媒：欧洲国家核电厂频遭来历不明无人机探察[1]

据新加坡《联合早报》报道，欧洲国家核电厂上空最近频频出现来历不明无人机。10月起，法国核设施上空发生20起无人机事件；比利时一座4个月前遭破坏的核反应堆重新启用后，隔天也遭无人机探访。据报道，这座Doel核电厂坐落在比利时的东弗兰德省，位于安特卫普以北约25公里的北海附近。它是由法国天然气苏伊士集团旗下能源公司Electrabel营运的。

1　2014年12月22日摘自中国新闻网。